OPEN *THE* OVEN

打開烤箱！

你家就是烘焙坊

掌握關鍵技巧，只需家用烘焙烤箱，
就能輕鬆做出 **70** 款餅乾、塔派、蛋糕、麵包

吳政賢 — 著

Contents

Part 1 ／家人的午後點心／ 手作餅乾

Part 2 ／家庭派對好時光／ 蛋糕塔派

Part 3 ／小家庭的日常芬芳／ 經典麵包

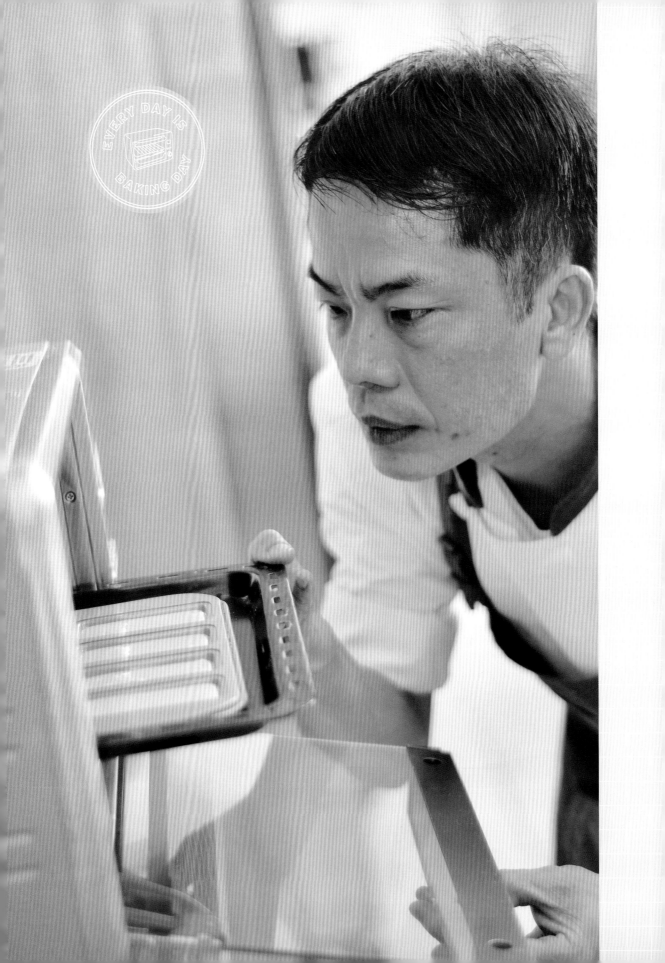

傳授家用烘焙技巧，
愛上動手做烘焙！

16 歲做學徒至今，已經邁入了第 25 年，從麵包店學徒、飯店點心房、自己創業成立烘焙工作室，到成為烘焙專業講師。我踏入烘焙教學的初衷，就是要樂於分享、不藏私，也因此認識了非常多的烘焙朋友與工會、各大烘焙教室的負責人，而在教課的過程中，常常有學生問我關於家用烤箱的烘焙技巧等問題。

於是，本書就是以家用烤箱為主，傳授居家烘焙的各種技巧，從思考主題、書籍架構，到決定要收錄的烘焙品項，邊寫邊修改。從百款烘焙點心、餅乾、麵包之中，剔除材料取得困難、工序太複雜的，最後留下了 70 款必學品項，是一本相當實用的烘焙必備工具書。

希望讀者能從書中獲得一些不同的經驗與心得，並且讓你做出美味的早餐麵包、飯後甜點、下午茶點心、手工餅乾，享受烘焙療癒舒壓的氛圍，從此愛上在家動手做烘焙！

最後要特別感謝日日幸福出版社、編輯李冠慶，以及感謝我的學生蘇莉萍，她幫忙了所有的文字打稿並協助拍攝，這本書才得以順利出版。

吳政賢 Jason

/ 認識 /

基本烘焙器具

「工欲善其事，必先利其器」，在開始烘焙之前，有一些基本的烘焙器具必須先認識一下，之後才能得心應手、事半功倍。因此，下面就為大家介紹本書中會使用到的器具。

烤箱

本書使用的為 28 公升的家用烤箱,有上下火獨立控溫,就可以在家烘烤麵包、餅乾、塔派、蛋糕。烤箱最重要的是烤箱門必須能夠緊密閉合,溫度才不會散失。

桌上型

手持型

電動攪拌機

能節省製作時間和力氣的器具,有桌上型與手持型兩種。安裝上網狀攪拌器,可將材料混合均勻、打發鮮奶油,桌上型裝上鉤狀攪拌器可攪打麵糰。

矽膠烤盤墊

烤焙紙

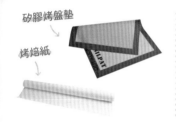

烤焙紙 & 矽膠烤盤墊

烤焙紙可以依照使用需求剪裁成適合的尺寸,鋪在烤盤上、模型內,避免成品沾黏在烤盤上造成損傷。也可以使用矽膠烤盤墊,每次用完,清洗乾淨就能重複使用。

電子秤

烘焙材料配方都有一定的比例,必須使用磅秤來精準秤重,使用時切記要扣除裝盛容器的重量。秤量單位最小為 1g。製作麵包時,麵糰也必須秤重確實分割。

調理盆

打蛋或混合材料時的裝盛容器。材質多選用不銹鋼或玻璃製,底部必須要圓弧形才適合,攪打時才不會有死角,在操作上較為方便實用。

打蛋器

用來打發或是攪拌均勻少量材料之用。每次使用完畢,應將每個網絲清洗乾淨,以免殘留產生汙垢。

矽膠刮刀

具有彈性、耐高溫，用於混合均勻材料或是攪拌麵糊，並且能將容器內的材料輕鬆刮出來。

刮板

可以將沾黏桌面的麵糰鏟起，以及沿著鋼盆將材料刮出，也用於分切麵糰、切拌奶油和麵粉，還有將麵糊抹平。

量杯

在秤量液體材料時，可以使用量杯來測量。使用量杯時，必須以眼睛平視刻度為準。

擠花袋 & 花嘴

擠花袋可以裝入鮮奶油，在蛋糕甜點上擠花裝飾，或是麵包填入餡料。也可以裝入麵糊，擠出、整型製作成餅乾。花嘴有多種尺寸及樣式，6 齒花嘴、櫻花花嘴、平口花嘴等等，將其套在擠花袋的前端來使用。

涼架

蛋糕倒扣架

涼架 & 蛋糕倒扣架

將烤好的餅乾、蛋糕、麵包，放在架上散熱放涼。麵包烤好後必須盡快冷卻防止變形。烘烤戚風蛋糕時，則必須使用蛋糕倒扣架，避免蛋糕體回縮。

擀麵棍

擀麵棍有各種尺寸，材質部分最常見的有塑膠及木製等，主要是用於將麵糰擀平至適當的厚薄之用。使用後必須洗淨並乾燥保存，避免發霉。

抹刀

無刀鋒的圓角刀，專為塗抹鮮奶油或其他霜飾之用。配合裝飾糕點的尺寸，挑選適合的長度使用。

重石

鋁製品，專門用來鋪墊於生派皮或塔皮上一起入烤箱烘焙，以避免派皮或塔皮在烤焙過程中，過度膨脹而變形。

篩網

主要用於將粉料過篩使之均勻，另外也常用來過濾液體以濾除雜質或氣泡，使成品質地細緻均勻。網目較細的篩網還具有過篩糖粉、裝飾成品的用途。

探針溫度計

烘焙用溫度計，用於測量水、麵糰發酵、融煮巧克力或糖漿時的溫度。建議測量溫度範圍至少需要在 0 ～ 200℃。

達克瓦茲模

達克瓦茲專用的模型，一般為壓克力材質的12 連模。

圓型壓模

造型壓模

造型壓模

用於塔皮的切割定型。

布丁杯

耐熱塑膠布丁杯，常用於烤布丁、布蕾。另外也有白瓷材質的布丁杯。

7 公分直角小圓模
椰子模
7 吋派盤
7 吋菊花塔模

造型塔模、派盤

塔模、派盤有很多種規格及形狀，挑選自己使用起來順手的即可。

6 吋蛋糕模
磅蛋糕模
瑪芬杯
深烤盤
費南雪烤模
瑪德蓮模

蛋糕用各式烤模

蛋糕模型非常多種，除了最常使用的圓形蛋糕模，讀者也可以依自己的喜好挑選，做出有個人風格、獨樹一幟的甜點。

/ 認識 /

基本烘焙材料

除了各種口味與餡料上的變化,餅乾、塔派、蛋糕、麵包所使用的材料,都有些許的不同,在開始烘焙之前,先來認識一下有哪些基本材料?動手製作時,才會更得心應手喔!

麵粉

低筋麵粉

低筋麵粉的蛋白質含量較低，麩質較少，因此筋性與吸水性都較低。與水混合製作成的麵糰不太有彈性，延展性也不好，摸起來會有點硬，烘烤後吃起來較無嚼勁。適合用來烘焙派皮、塔皮、餅乾等。

中筋麵粉

中筋麵粉的蛋白質含量適中，與水混合後的黏性介於高筋麵粉與低筋麵粉之間。是用途最廣泛的麵粉，也適合用於製作派皮。

高筋麵粉

高筋麵粉的蛋白質含量較高，麩質較多，因此筋性也較強，適合用來烘焙派皮、麵包等。由於不易受潮，用手抓握也不易成團，所以也當作手粉使用，防止麵糰沾黏。

全麥粉

由整粒小麥磨製而成，含有高纖維麩皮、胚乳、胚芽與外殼，因此較為營養，滋味也更豐富。因為麩皮的含量多，筋性不夠，100% 全麥粉做出來的麵包體會較小及偏硬。

裸麥粉

由裸麥磨製而成，保留了裸麥穀物中的麩皮及胚芽，粉質較粗糙，顏色較深。其蛋白質成分與小麥有不同，不含有麵筋。麩皮的含量多，筋性低，因此做出來的麵包會比較紮實。

胚芽粉

金黃色顆粒狀。是小麥中營養價值最高的部分。小麥胚芽非常容易氧化，但經過烘烤後，便會釋放濃郁的穀物香氣。

糖類

細砂糖

細砂糖的粒子較細，較容易溶解。除了增加成品的甜味外，也可以使用在成品表面上，增添美感。

糖粉

將砂糖研磨成細小粉狀，和玉米澱粉混合製成。比一般的糖類精細度好多倍，比其他的糖類更容易溶化。

黑糖粉

黑糖是未高度精煉、脫色的蔗糖，具有很高的營養價值。在烘焙上，可以讓成品增添不同的風味。

有鹽奶油

無鹽奶油

發酵奶油

有特殊的香氣且質感比一般奶油更好，不易產生油耗味，延展性更理想。發酵奶油分為有鹽、無鹽兩種，烘焙時大多使用無鹽奶油，若是有鹽奶油，則要另外計算配方中的鹽分。

動物性鮮奶油

由牛奶中提煉出來，乳脂肪含量依不同的比重標示販售，乳脂含量較低的適合加熱使用，乳脂含量高的則適合用於製作甜點內餡，或成品的表面裝飾。

奶粉

分為全脂或脫脂奶粉，全脂用來呈現乳香氣味，脫脂的乳香味道較淡，但脫脂後乳糖含量會上升，對於梅納反應後的呈色較深，烘烤後的會呈現漂亮的褐色。

葡萄糖漿

葡萄糖漿是透明黏稠液體，口感溫和，甜度與黏度適中，具有良好的保濕性，能使成品保持水分。在加熱過後，容易形成焦糖，具有獨特的風味。

鹽

可以增加麵粉的彈性和黏性,少量添加可以增加甜度,並降低甜膩感。在烘焙麵包時,鹽能強化麵筋的結構,使烘烤出來的麵包更有彈性,但是過多的鹽會抑制酵母發酵,因此不宜使用過多。

雞蛋

烘焙重要的材料之一,經由攪打全蛋或打發蛋白,使得蛋糕體積膨脹。在成品表面刷上一層全蛋液或蛋白液,也可以增加表面色澤。

酵母粉

酵母在發酵過程中,會產生二氧化碳,進而使麵包膨脹,與此同時,所散發的香氣與有機酸,會產生獨特的風味。

小蘇打粉

小蘇打粉為膨鬆劑的一種,添加後會增加蓬鬆度,但不要加過量以免破壞成品的風味,而導致鹼味太重。

泡打粉

泡打粉又稱發粉,是膨鬆劑的一種,溶於水中時,會釋放出二氧化碳,經過加熱後,會產生更多氣體,使成品膨鬆、口感細緻。

杏仁粉

杏仁粉是將杏仁粒去皮研磨而成的細緻粉狀。可以加入麵糊混合均勻,製作成各式烘焙甜點,增添杏仁獨特的風味及香氣,使組織柔軟、蓬鬆,口感更加細膩滑順。

起士

奶油起士

由全脂牛奶提煉,奶味香醇,脂肪含量高。

馬斯卡彭起士

是天然、未經熟成的起士,常用於烘焙或甜點中。

/ 認識 /

基礎烘焙技巧

對於烘焙初學者，這些看似不起眼的基礎烘焙技巧，正是
成功與否的重要關鍵！製作時務必留意這些細節。

(前置作業)

材料秤量要精確

烘焙成功的第一步，秤量材料的份量必須
非常精確。建議使用電子秤，會比量杯、量匙
來得精確。**秤量時，務必記得扣除裝盛容器的
重量。**

粉類材料過篩

1 粉類材料使用前都應以篩網過篩，以避免結
塊或有雜質，並使麵粉與空氣混合，增加蛋
糕烘烤後的蓬鬆感，在與奶油攪拌時，也比
較不會產生小顆粒。

2 如篩網上有殘留顆粒狀，則可以使用矽膠刮
刀按壓，使材料確實過篩。

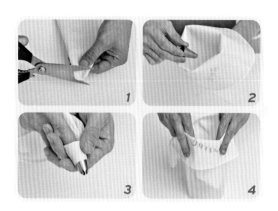

擠花袋裝上花嘴

1 從擠花袋尖端往上 0.2 ～ 0.3 公分
  處剪開。

2 將要使用的花嘴放入擠花袋中,
  固定在尖端。

3 用手指從外側將袋子推入花嘴,
  堵住其孔洞。

4 擠花袋套在圓杯內,即可裝入麵
  糊、餡料等。

烤盤鋪烘焙紙

1 取一張烘焙紙,放上烤盤測量各邊尺
  寸,沿著烤盤折出裁切線。

2 四邊預留烤盤高度,將多餘部份的烘
  焙紙裁剪掉。

3 在烘焙紙的四個角,分別剪開一刀。

4 將烘焙紙放入烤盤之中。

5 將四角剪開的部份向內摺即可。

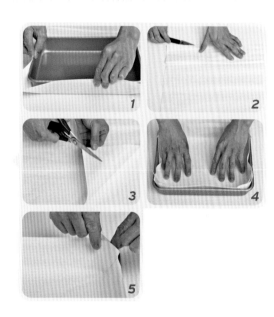

──── 攪拌作業 ────

全蛋分次加入攪拌

　　製作麵糊時,為了讓麵糊均勻攪拌、吸收,蛋液必須
分次慢慢加入,麵糊才會均勻細緻。**若是一次將蛋液全部加
入,麵糊會來不及吸收乳化,進而導致油水分離。**

全蛋打發

　　將全蛋加入細砂糖，隔水加熱至 45℃，關火，持續隔著熱水，使用手持型電動攪拌機，將麵糊打至出現清楚的攪拌紋即可。

蛋白打發

1. **蛋白打發時，要確認鋼盆中是沒有油脂、蛋黃及水，打發才不易失敗。**首先將蛋白攪打至出現粗顆粒的泡沫。

2. 加入細砂糖以中高速攪打，打至呈現雪白泡沫，提起攪拌器時，拉出的蛋白尖端會下垂，但不會滴落，即為「濕性打發」。

3. 持續攪打，打至提起攪拌器時，拉出的蛋白尖端能維持鉤狀，而不會下垂，這狀態就是所謂「乾性打發」。

奶油室溫軟化 & 打發

1. **奶油使用前應放置在室溫下，軟化至用手指輕壓，即會凹陷的程度。**若要將奶油融化成液態再使用，則必須隔水加熱，避免燒焦。切記不可微波解凍。

2. 將已軟化的奶油、細砂糖一起混合攪打，打至奶油顏色變白、看似絨毛的狀態即可。

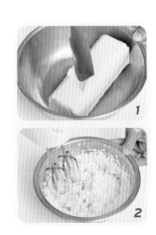

混合蛋黃麵糊與蛋白霜

先取 1/3 的蛋白霜加入蛋黃麵糊攪拌均勻，再和剩下的蛋白霜拌勻。因為蛋黃麵糊的濃稠度比蛋白霜高，先用一些蛋白霜稀釋，再跟剩下的蛋白霜混合，能讓蛋黃麵糊與蛋白霜比重、密度較一致，混合也更均勻。

烤焙作業

形狀必須一致

麵糊、麵糰在塑形時，大小、厚度、形狀必須一致，否則會影響烘烤完成的品質。以份量大小來說，用電子秤秤量每一片餅乾的重量得要一致，厚度最好控制在 0.5 ～ 1 公分為宜，烤出來的成品顏色、外觀才會漂亮。

等距或交叉排放

製作完成的麵糊、麵糰放入烤盤時，需等距交叉排放，這樣子，在烘焙時才能保持平均受熱，並有足夠的膨脹空間。

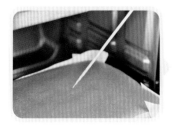

蛋糕熟度辨別

烘焙蛋糕時，尤其容易發生沒有烤熟的狀況，因此，在取出烤箱之前，先用竹籤插入蛋糕內中心位置，再輕輕取出，如果竹籤上沾有麵糊，就表示還未熟透，若乾淨無沾，則表示已經烤熟，即可取出。

/ 家用烤箱 /
烘焙技巧

烘焙前，烤箱預熱 15 分鐘

　　「預熱」是指將食材放入烤箱前，先將烤箱加熱至所需要的溫度。因為製作好的麵糊、餅乾、最後發酵完成的麵包麵糰，都必須馬上進烤箱烘烤。此外，像是戚風蛋糕、海綿蛋糕等乳沫類蛋糕，是用蛋白打發而成，若烤箱內溫度不足，蛋白無法快速定型，就可能會消泡。

　　但一般的烤箱無法立刻升到所需的溫度，所以需要**充分預熱烤箱，確保烘烤時的溫度穩定**，讓食材在相同的、均勻的溫度下慢慢變熟，避免熟度不均勻、表面容易燒焦的問題，也更能確實掌握烘烤的時間。每款烤箱的預熱時間，則會依照烤箱的大小、加熱方式而有所不同。

烘焙紙隔絕上火

　　當上火需要的溫度比下火來得低時，可以等表面烤焙至上色時，打開烤箱，在表面鋪上一張烘焙紙來隔絕上火，達到調整上火溫度的效果。或是在上一層放入空烤盤隔絕上火，也能製造出上火與下火較大的溫差。

烤盤對調

　　由於烤箱內外兩側溫度可能有差異，導致內側的已經上色，外側卻還沒熟，這時就必須將烤盤取出，調頭轉向再放入烤箱，讓不同位置都能均勻受熱、上色，才不至於其中一邊烤過頭。

移動烤盤的上下位置

　　將烤盤放在下層來增加下火溫度，若成品已熟但上色不夠時，可以將烤盤移至中層，來幫助烘烤表面上色，但因為離上火很近，所以必須隨時觀察上色狀況，避免烤焦。

使用後的清潔與保養

　　烤箱清潔並不難，只要在每次使用完畢後，利用烤箱的餘熱，在烤箱底部倒入許許的水，利用餘熱軟化油脂並去除異味，待烤箱內部溫度降下來後，再拿濕布或餐巾紙擦拭，或使用烤箱專用清潔劑，依照說明使用清潔。而鏡面的部分，則可使用餐巾紙或柔軟的拭鏡布擦拭即可。

Part
1

╱ 家人的午後點心 ╱
手作餅乾

口感酥脆、奶香濃郁的沙布列油酥餅，
清爽酸甜的檸檬圓餅，香脆的義大利脆餅沾著
咖啡吃更是一大享受。今天就來一片手作餅
乾，度過慵懶的午後時光！另外還有巫婆手指
餅乾、收涎餅乾、夏日西瓜餅乾等各式造型餅
乾，不只好看，也非常適合當作西點小禮物，
送給親朋好友。

＃
01
香
酥
餅
乾

＃
02
造
型
餅
乾

HOMEMADE COOKIES

義大利
脆餅

烤箱預熱

上火 160℃／下火 160℃

烤焙時間

35 分鐘

烤箱預熱

上火 130℃／下火 130℃

烤焙時間

45 分鐘

製作份量

約 18 片

── 材料 ──

核桃 ……… 25g
南瓜子 …… 25g
高筋麵粉 … 100g
細砂糖 …… 50g
泡打粉 …… 1g
小蘇打粉 … 1g
鹽 ………… 2g
全蛋 ……… 50g

前置準備

1 將核桃、南瓜子放入烤箱，以上火 150℃、下火 150℃ 烘烤約 10 分鐘。

做法

2 將高筋麵粉、細砂糖、泡打粉、小蘇打粉、鹽倒入鋼盆拌勻。

3 全蛋先打散，分 2 次加入，拌壓均勻至成糰。

4 加入烘烤好的核桃、南瓜子拌勻。

5 將麵糊倒入鋪好烤盤布的烤盤中，手指沾水，拍整成長條狀。

6 放入烤箱，以上火 160℃、下火 160℃ 烘烤 35 分鐘。

7 取出放涼，以鋸齒刀切成每片厚度約 0.5 公分，平放在烤盤上。

8 再放入烤箱，以上火 130℃、下火 130℃ 烘烤 45 分鐘，取出放涼即可。

Point

· 做法 7 時，餅乾體表面稍微脆硬，但裡面還是偏濕軟，所以要放涼後才能切得漂亮。
· 烘烤兩次讓水分確實蒸發，才能烤出脆硬的獨特口感。

蔓越莓餅乾

烤箱預熱
上火 180℃
下火 160℃

烤焙時間
20 分鐘

製作份量
約 16 片

材料

無鹽奶油	38g
細砂糖	30g
全蛋	13g
低筋麵粉	60g
奶粉	4g
蔓越莓乾	20g

──────────── 做法 ────────────

1 將軟化的無鹽奶油、
　　細砂糖倒入鋼盆攪拌
　　至乳白色。

2 全蛋先打散,分2次
　　加入拌勻。

3 加入過篩的低筋麵粉、
　　奶粉,拌壓均勻至成
　　糰。

4 加入蔓越莓乾拌勻。

5 工作台撒上手粉,放上
　　麵糰,雙手掌心放在麵
　　糰上,前後來回滾動至
　　長條圓柱狀。

6 使用刮板將麵糰分割
　　成16份,每份約20g。

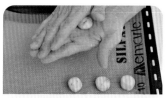

7 用雙手掌心將麵糰搓
　　圓後,放在鋪好烤盤
　　墊的烤盤上。

8 用掌心將麵糰稍微壓
　　扁。

9 使用叉子尖端,在麵
　　糰上壓出紋路。

10 放入烤箱,以上火
　　 180℃、下火160℃
　　 烘烤約20分鐘,取
　　 出放涼即可。

> **Point** 無鹽奶油需要放置於室溫,軟化後再操作。

芝麻南瓜子薄餅

烤箱預熱
上火 170℃
下火 170℃

烤焙時間
10 分鐘

製作份量
約 18 片

材料

白芝麻	20g
黑芝麻	20g
南瓜子	50g
蛋白	30g
細砂糖	30g
無鹽奶油 A	15g
低筋麵粉	30g
無鹽奶油 B	少許

前置準備

1 將白芝麻、黑芝麻、南瓜子放入烤箱，以上火 150℃、下火 150℃烘烤約 10 分鐘，保溫備用。

做法

2 將蛋白、細砂糖倒入鋼盆拌勻。

3 無鹽奶油 A 隔水加熱至 60 ～ 70℃融化。

4 將融化的無鹽奶油 A 加入做法 2 中拌勻。

5 加入過篩的低筋麵粉拌勻。

6 加入烘烤好的白芝麻、黑芝麻、南瓜子拌勻，放入冰箱冷藏 30 分鐘。

7 用湯匙挖 1 匙約 10g 的麵糊，放在烤盤墊上。

8 手指沾上融化的無鹽奶油 B 後，推平麵糊成薄薄的一片。

9 放入烤箱，以上火 170℃、下火 170℃烘烤約 10 分鐘，取出放涼即可。

> **Point**
> 推平麵糊時，手沾上少許融化的無鹽奶油，能防黏手。不建議沾水，這樣餅乾烤出來表面會失去光澤。

#01 香酥餅乾

黑眼豆豆餅乾

烤箱預熱

上火 180℃
下火 160℃

烤焙時間

20 ～ 25
分鐘

製作份量

約 12 片

材料

餅乾麵糰

無鹽奶油 ………… 30g

黑糖粉 …………… 20g

全蛋 ……………… 25g

苦甜巧克力 ……… 20g

低筋麵粉 ………… 65g

可可粉 …………… 5g

耐烤巧克力豆 A … 20g

裝飾

耐烤巧克力豆 B … 60g

做法

1 將軟化的無鹽奶油、黑糖粉倒入鋼盆,攪拌均勻。

2 全蛋先打散,分2次加入拌勻至絨毛狀。

3 苦甜巧克力隔水加熱至融化。

4 將苦甜巧克力加入做法2拌勻。

5 加入過篩的低筋麵粉、可可粉,拌壓均勻至成糰。

6 加入耐烤巧克力豆A拌勻。

7 工作台撒上手粉,放上麵糰,雙手掌心放在麵糰上,前後來回滾動至長條圓柱狀。

8 用刮板分割成12份,每份各15g。

9 用雙手掌心將麵糰搓圓。

10 拿著麵糰,表面沾黏上適量耐烤巧克力豆B。

11 放入烤箱,以上火180℃、下火160℃烘烤約20～25分鐘,取出放涼即可。

奶油夾心酥餅

烤箱預熱

上火 180℃／下火 170℃

烤焙時間

25 分鐘

製作份量

約 7 片

材料

餅乾麵糰

無鹽奶油 …	30g
細砂糖 ……	15g
蛋黃 ………	20g
低筋麵粉 …	65g
杏仁粉 ……	10g
牛奶 ………	5g
蜂蜜 ………	5g

裝飾

全蛋液 ……	適量
杏仁片 ……	適量

原味奶油餡

無鹽奶油 …	120g
細砂糖 ……	20g

1 將軟化的無鹽奶油、細砂糖倒入鋼盆攪拌至乳白色。

2 蛋黃先打散，分2次加入拌勻。

3 加入過篩的低筋麵粉、杏仁粉，拌壓均勻。

4 加入牛奶、蜂蜜，拌壓均勻至成糰，完成「餅乾麵糰」。

5 餅乾麵糰裝入透明塑膠袋，用刮板壓整成12×15公分的方形，放入冰箱冷凍20分鐘至硬。

6 取出，裁切成3×4公分，放置於烤盤上。

7 表面刷上全蛋液，放上杏仁片。

8 放入烤箱，以上火180℃、下火170℃烘烤約25分鐘，取出放涼。

Point

如果想增加口感及風味，可以在夾餡中加入酒漬葡萄乾。製作方法為葡萄乾50g加入蘭姆酒25g，泡軟入味即可。

9 將無鹽奶油、過篩的細砂糖倒入鋼盆，用打蛋器打發，完成「原味奶油餡」。

10 取1片烤好的餅乾，杏仁片面朝下。用擠花袋裝入原味奶油餡，擠在餅乾上。

11 再取另外1片餅乾，蓋上即可。

沙布列奶油酥餅

烤箱預熱

上火 190℃／下火 150℃

烤焙時間

28 分鐘

製作份量

約 8 片

┌─── **材 料** ───┐

餅乾麵糰　　　　　低筋麵粉 … 75g

無鹽奶油 … 90g　　杏仁粉 …… 15g

細砂糖 …… 35g

鹽 ………… 2g　　**裝飾**

蛋黃 ……… 20g　　蛋黃液 …… 適量

做法

1 將軟化的無鹽奶油、細砂糖、鹽倒入鋼盆攪拌至乳白色。

2 蛋黃先打散,分2次加入 拌勻至光滑狀。

3 加入過篩的低筋麵粉、杏仁粉拌勻。

4 將麵糊裝入有平口花嘴的擠花袋中。

5 在烤盤墊上等距擠出圓形麵糊。

6 麵糊表面刷上蛋黃液。

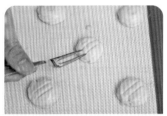

7 用叉子在麵糊表面劃上紋路。

8 放入烤箱,以上火190℃、下火150℃烘烤約28分鐘,取出放涼即可。

Point 製作餅乾最重要的步驟,就是不要過度攪拌麵糊,加入材料拌勻即可,不要過度攪拌,麵糰會出筋,在烘烤時就不會自然膨脹成鬆脆的餅乾,吃起來口感就會比較乾硬。

#01 香酥餅乾

奶油果醬餅乾

烤箱預熱

上火 180℃／下火 160℃

烤焙時間

15 ～ 20
分鐘

製作份量

約 10 片

―――――――― **材料** ――――――――

餅乾麵糰
無鹽奶油 … 65g
細砂糖 …… 30g
全蛋 ……… 25g
低筋麵粉 … 110g
奶粉 ……… 10g

裝飾
草莓果醬 … 15g
藍莓果醬 … 15g

$\boxed{\text{做法}}$

1 將軟化的無鹽奶油、細砂糖、鹽倒入鋼盆攪拌至乳白色。

2 蛋黃先打散，分 2 次加入 拌勻至光滑狀。

3 加入過篩的低筋麵粉、杏仁粉拌勻。

4 將麵糊裝入有平口花嘴的擠花袋中。

5 在烤盤墊上等距擠出圓形麵糊。

6 麵糊表面刷上蛋黃液。

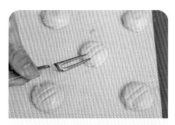

7 用叉子在麵糊表面劃上紋路。

8 放入烤箱，以上火190℃、下火 150℃烘烤約 28 分鐘，取出放涼即可。

Point 製作餅乾最重要的步驟，就是不要過度攪拌麵糊，加入材料拌勻即可，不要過度攪拌，麵糰會出筋，在烘烤時就不會自然膨脹成鬆脆的餅乾，吃起來口感就會比較乾硬。

奶油餅乾

烤箱預熱

上火 180℃
下火 150℃

烤焙時間

25 分鐘

製作份量

約 12 片

使用工具

花嘴
SN7094

材料

無鹽奶油 …… 30g	低筋麵粉 …… 40g
細砂糖 ……… 35g	中筋麵粉 …… 10g
全蛋 ………… 25g	奶粉 ………… 10g

做法

1 將軟化的無鹽奶油、細砂糖倒入鋼盆攪拌至乳白色。

2 全蛋先打散，分 2 次加入拌勻。

3 加入過篩的低筋麵粉、中筋麵粉、奶粉拌勻。

4 將麵糊裝入有鋸齒花嘴的擠花袋中。

5 在鋪好烘焙布的烤盤上，等距擠出圈形麵糊。

6 放入烤箱，以上火 180℃、下火 150℃烘烤約 25 分鐘，取出放涼即可。

Point
· 擠花最好大小、花樣都一致，才會烤色均勻，熟成時間相同。
· 餅乾類奶油需放置室溫軟化後再操作。

奶油果醬餅乾

烤箱預熱

上火 180℃／下火 160℃

烤焙時間

15 ～ 20
分鐘

製作份量

約 10 片

―――― 材料 ――――

餅乾麵糰

無鹽奶油 … 65g
細砂糖 …… 30g
全蛋 ……… 25g
低筋麵粉 … 110g
奶粉 ……… 10g

裝飾

草莓果醬 … 15g
藍莓果醬 … 15g

做法

1 將軟化的無鹽奶油、細砂糖倒入鋼盆攪拌至乳白色。

2 全蛋先打散,分2次加入拌勻。

3 加入過篩的低筋麵粉、奶粉,拌壓均勻至成糰。

4 工作台撒上手粉,放上麵糰,雙手掌心放在麵糰上,前後來回滾動至長條圓柱狀。

5 用刮板將麵糰分割成10份,每份各20g。

6 用雙手掌心將麵糰搓圓後,放在鋪好烘焙布的烤盤上。

7 用指腹在麵糰中間壓出一個凹槽。

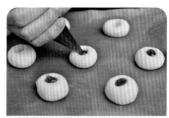

8 凹槽分別擠入草莓果醬或藍莓果醬。

9 放入烤箱,以上火180℃、下火160℃烘烤15～20分鐘,取出放涼即可。

巧克力丹麥酥

烤箱預熱

上火 180℃
下火 160℃

烤焙時間

20 分鐘

製作份量

約 10 片

使用工具

花嘴
SN7094

材料

餅乾麵糰

無鹽奶油 …… 45g
細砂糖 ……… 41g
鹽 ………… 2g
全蛋 ……… 25g
中筋麵粉 …… 72g

可可粉 ……… 8g

裝飾

苦甜巧克力 … 適量
白巧克力 …… 適量

───────────── 做法 ─────────────

1 將軟化的無鹽奶油、細
砂糖、鹽倒入鋼盆攪拌
至乳白色。

2 全蛋先打散，分 2 次加
入拌勻。

3 加入過篩的中筋麵粉、
可可粉，拌壓均勻。

4 將麵糊裝入鋸齒花嘴
的擠花袋中，在鋪好烤
盤墊的烤盤上，等距擠
上並排的長條狀。

5 放入烤箱，以上火
180℃、下火160℃烘烤
約 20 分鐘，取出放涼。

6 苦甜巧克力、白巧克力
分別隔水加熱至融化。

7 將烘烤好的餅乾頭尾
沾裹上巧克力裝飾，靜
置待凝固即可。

─── **Point** ───
‧做法 2 若一次加入所有蛋黃會導致油水分離，所以
要分次加入拌勻。
‧做法 4 在擠並排的麵糊要稍微疊在一起，烤好的餅
乾才不會分離。

#01 香酥餅乾

椰香蛋白餅

烤箱預熱

上火 160℃
下火 160℃

烤焙時間

20 分鐘

製作份量

約 15 片

材料

蛋白	…………	30g
細砂糖	………	35g
無鹽奶油	……	25g
低筋麵粉	……	35g
椰子粉	………	40g

做法

1 將蛋白、細砂糖倒入鋼盆拌勻。

2 將無鹽奶油隔水加熱至融化。

3 加入融化的無鹽奶油拌勻。

4 加入過篩的低筋麵粉、椰子粉拌勻。

5 將麵糊裝入有平口花嘴的擠花袋中，在鋪好烤盤墊的烤盤上，等距擠上圓形麵糊。

6 放入烤箱，以上火160℃、下火160℃烘烤約20分鐘，取出放涼即可。

Point 蛋白做的餅乾容易受潮變軟，烤好後要盡早享用喔。

#01 香酥餅乾

檸檬圓餅

烤箱預熱

上火 190℃
下火 150℃

烤焙時間

25 分鐘

製作份量

約 16 片

材料

無鹽奶油	40g
細砂糖	20g
全蛋	25g
檸檬汁	20g
檸檬皮（磨細）	少許
低筋麵粉	115g

做法

1 將軟化的無鹽奶油、細砂糖倒入鋼盆攪拌至乳白色。

2 全蛋先打散，分 2 次加入拌勻。

3 加入檸檬汁、檸檬皮（磨細）拌勻。

4 加入過篩的低筋麵粉，拌壓均勻。

5 將麵糊裝入有平口花嘴的擠花袋中，在鋪好烤盤墊的烤盤上，等距擠上圓形麵糊。

6 放入烤箱，以上火 190℃、下火 150℃ 烘烤約 25 分鐘，取出放涼即可。

Point

· 做法 2 若一次加入所有蛋黃會導致油水分離，所以要分次加入拌勻。
· 檸檬皮只刨果皮表面，不要刨到白色的部份，吃起來會有苦味。

#01 香酥餅乾

蜂蜜燕麥餅乾

烤箱預熱

上火 180℃／下火 130℃

烤焙時間

23 分鐘

製作份量

約 10 片

─── 材料 ───

無鹽奶油 …	30g	牛奶 ………	5g
細砂糖 ……	10g	低筋麵粉 …	40g
黑糖 ………	10g	小蘇打粉 …	1g
鹽 …………	2g	燕麥片 ……	30g
蜂蜜 ………	10g	椰子粉 ……	25g

做法

1 將軟化的無鹽奶油、細砂糖、黑糖、鹽倒入鋼盆攪拌均勻。

2 加入蜂蜜、牛奶拌勻。

3 加入過篩的低筋麵粉、小蘇打粉，拌壓均勻至成糰。

4 加入燕麥片、椰子粉，拌壓均勻。

5 工作台撒上手粉，放上麵糰，雙手掌心放在麵糰上，前後來回滾動至長條圓柱狀。

6 用刮板分割成 10 份，每份各 15g。

7 用雙手掌心將麵糰搓圓後，放在烤盤墊上。

8 用掌心將麵糰輕輕壓扁，移至烤盤上。

9 放入烤箱，以上火 180℃、下火 130℃烘烤約 23 分鐘，取出放涼即可。

Point 材料中的椰子粉可以換成其他堅果粉，製作出不同的風味。

#01 香酥餅乾

抹茶杏仁餅乾

烤箱預熱

上火 180℃／下火 150℃

烤焙時間

23 分鐘

製作份量

約 15 片

材料

無鹽奶油	40g
細砂糖	25g
蛋黃	25g
蜂蜜	10g
低筋麵粉	70g
抹茶粉	4g
杏仁角	40g

做法

1 將軟化的無鹽奶油、細砂糖倒入鋼盆攪拌至乳白色。

2 蛋黃先打散，分 2 次加入拌勻。

3 加入蜂蜜拌勻。

4 加入過篩的低筋麵粉、抹茶粉，拌壓均勻至成糰。

5 加入杏仁角拌勻。

6 工作台撒上手粉，放上麵糰，雙手掌心放在麵糰上，前後來回滾動至長條圓柱狀。

7 用刮板將麵糰四面壓平，放入冰箱冷凍 1 小時至冰硬。

8 取出，用刀子切片，每片厚 0.5 公分，放置於烤盤上。

9 放入烤箱，以上火 180℃、下火 150℃ 烘烤約 23 分鐘，取出放涼即可。

Point 造型方面，也可以將麵糰滾圓再壓扁，依個人喜好變化。

#02 造型餅乾

櫻花餅乾

烤箱預熱
上火 160℃
下火 160℃

烤焙時間
25 分鐘

製作份量
約 18 片

使用工具
花嘴
SN7211

材料

餅乾麵糰
無鹽奶油 ········ 50g
細砂糖 ··········· 30g
全蛋 ·············· 25g
低筋麵粉 ········ 75g

裝飾
紅麴粉 ··········· 適量

做法

1 將軟化的無鹽奶油、細砂糖倒入鋼盆攪拌至乳白色。

2 全蛋先打散,分 2 次加入拌勻。

3 加入過篩的低筋麵粉拌勻。

4 將麵糊裝入有櫻花花嘴的擠花袋中,在鋪好烤盤墊的烤盤上,等距擠上麵糊。

5 用篩網在麵糰表面均勻撒上適量的紅麴粉。

6 放入烤箱,以上火160℃、下火 160℃烘烤約 25 分鐘,取出放涼即可。

--- **Point** ---
· 做法 2 若一次加入所有蛋黃會導致油水分離,所以要分次加入拌勻。
· 擠花的時候,花嘴要貼在烤焙墊上,擠出來的花型才會漂亮。

#02 造型餅乾

夏日
西瓜餅乾

烤箱預熱

上火 160℃／下火 150℃

烤焙時間

20 分鐘

製作份量

約 18 片

材料

餅乾麵糰

無鹽奶油	⋯ 85g
細砂糖	⋯⋯ 25g
全蛋	⋯⋯⋯ 30g
低筋麵粉	⋯ 135g
玉米粉	⋯⋯ 10g
奶粉	⋯⋯⋯ 25g

抹茶粉	⋯⋯ 5g
牛奶 A	⋯⋯ 5g
紅麴粉	⋯⋯ 5g
牛奶 B	⋯⋯ 5g

裝飾

| 黑芝麻 | ⋯⋯ 10g |

A 餅乾體做法

1 將軟化的無鹽奶油、細砂糖倒入鋼盆攪拌至乳白色。

2 全蛋先打散，分2次加入拌勻。

3 加入過篩的低筋麵粉、玉米粉、奶粉拌壓至成糰，完成「原味麵糰」。

B 抹茶麵糰做法

4 取100g的原味麵糰，加入抹茶粉、牛奶A拌壓均勻。

C 紅麴麵糰做法

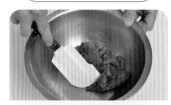

5 取100g的原味麵糰，加入紅麴粉、牛奶B拌壓均勻。

D 組合

6 紅麴麵糰滾成長10公分的圓柱形，放入冰箱冷藏20分鐘至硬。

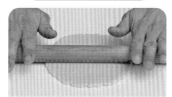

7 原味麵糰用擀麵棍，擀成厚度約0.3公分。

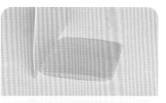

8 原味麵糰用刮版整型成10×10公分的片狀，放入冰箱冷藏20分鐘至硬。

9 抹茶麵糰用擀麵棍，擀成厚度約0.3公分。

10 抹茶麵糰用刮版整型成10×11公分的片狀，放入冰箱冷藏20分鐘至硬。

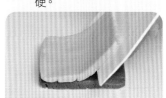

11 取出三款麵團，將原味麵糰疊放在抹茶麵糰上面。

12 將紅麴麵糰放在中心。

13 兩側麵糰包裹住紅麴麵糰，然後滾圓，放入冰箱冷凍 20 分鐘至硬。

14 取出麵糰，切成厚 0.5 公分的圓形。

15 再將圓形對切一半，放在烤盤上。

16 用手指沾黏幾粒黑芝麻，輕壓裝飾在紅麴麵糰上。

17 放入烤箱，以上火 160℃、下火150℃烘烤20分鐘，取出放涼即可。

--- **Point** ---

· 無鹽奶油需要放置於室溫，軟化後再操作。

· 做法 2 若一次加入所有蛋黃會導致油水分離，所以要分次加入拌勻。

· 製作餅乾最重要的步驟，就是不要過度攪拌麵糊，加入材料拌勻即可，不要過度攪拌，麵糰會出筋，在烘烤時就不會自然膨脹成鬆脆的餅乾，吃起來口感就會比較乾硬。

· 在組合三款麵糰時，餅乾麵糰上不能有手粉，不然烘烤出的餅乾會分離。

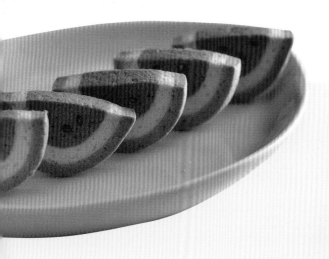

#02 造型餅乾

巫婆
手指餅乾

烤箱預熱

上火 180℃／下火 150℃

烤焙時間

20 分鐘

製作份量

約 10 片

材料

餅乾麵糰

無鹽奶油 … 25g

細砂糖 …… 10g

低筋麵粉 … 23g

中筋麵粉 … 23g

裝飾

草莓果醬 … 50g

杏仁果粒 … 10 個

蛋黃液 … 適量

1 將軟化的無鹽奶油、細砂糖倒入鋼盆攪拌至乳白色。

2 加入過篩的低筋麵粉、中筋麵粉，拌壓均勻至成糰。

3 工作台撒上手粉，放上麵糰，雙手掌心放在麵糰上，前後來回滾動至長條圓柱狀。

4 用刮板將麵糰分割成10份，每份各8g。

5 用掌心將麵糰搓成一邊瘦一邊胖的長條狀，放在鋪好烤盤布的烤盤上。

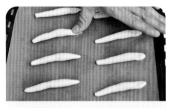

6 將較胖一端用拇指微微壓扁。

7 壓扁處擠上草莓果醬。

8 放上杏仁果粒。

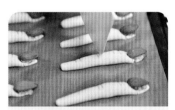

9 用刮板在麵糰上劃出關節橫紋。

10 再用平口花嘴壓出關節處。

11 刷上蛋黃液。

12 放入烤箱，以上火180℃、下火150℃烘烤20分鐘，取出放涼即可。

Point 在粉料中加入可可粉 3g 或抹茶粉 3g，就能做出不同膚色的手指餅乾喔。

#02 造型餅乾

彩繪玻璃餅乾

烤箱預熱

上火 180℃
下火 140℃

烤焙時間

25 分鐘

製作份量

約 8 片

使用工具

直徑 4 公分、
3 公分壓模

材料

餅乾麵糰

無鹽奶油 … 55g
細砂糖 …… 25g
全蛋 ……… 30g
低筋麵粉 … 110g
杏仁粉 …… 20g

裝飾

彩色硬糖 … 半罐（約 90g）

1 將軟化的無鹽奶油、細砂糖倒入鋼盆攪拌至乳白色。

2 全蛋先打散,分2次加入拌勻。

3 加入過篩的低筋麵粉、杏仁粉,拌壓均勻至成糰。

4 將麵糰擀平成厚度約0.3公分。

5 用大的圓形餅乾模壓成圓形。

6 間再用小的圓形餅乾模壓出孔洞。

7 放於烘焙紙上,移至烤盤。

8 放入烤箱,以上火180℃、下火140℃烘烤15分鐘。

9 將彩色硬糖依顏色分類並敲碎。

10 餅乾從烤箱取出,將敲碎的硬糖放入餅乾中間的孔洞。

11 再放入烤箱,以上火180℃、下火140℃烘烤10分鐘,取出放涼即可。

> **Point**
> ・烤盤一定要鋪上烘焙紙或是烤盤墊,這樣烤好的餅乾才拿得下來。
> ・烤焙過程中糖液會產生泡泡是正常的,冷卻後表面就會平整。

#02 造型餅乾

乳牛花紋
餅乾

烤箱預熱

上火 170℃／下火 140℃

烤焙時間

20 分鐘

製作份量

約 10 片

材料

原味麵糰	巧克力麵糰
無鹽奶油 … 55g	無鹽奶油 … 11g
細砂糖 …… 20g	細砂糖 …… 4g
全蛋 ……… 30g	全蛋 ……… 6g
低筋麵粉 … 100g	低筋麵粉 … 20g
奶粉 ……… 25g	奶粉 ……… 3g
	可可粉 …… 2g

A 原味麵糰做法

1 將軟化的無鹽奶油、細砂糖倒入鋼盆攪拌至乳白色。

2 全蛋先打散，分 2 次加入拌勻。

3 加入過篩的低筋麵粉、奶粉，拌壓均勻至成糰，完成「原味麵糰」。

B 巧克力麵糰做法

4 將軟化的無鹽奶油、細砂糖倒入鋼盆攪拌至乳白色。

5 全蛋先打散，分 2 次加入拌勻。

6 加入過篩的低筋麵粉、奶粉、可可粉，拌壓均勻至成糰，完成「巧克力麵糰」。

C
組合

7 將原味麵糰用擀麵棍擀平。

8 將巧克力麵糰用手捏出一小糰,均勻鋪在原味麵糰上。

9 用擀麵棍壓平,呈現乳牛花紋。

10 用圓形餅乾模壓成圓形。

11 放入烤箱,以上火170℃、下火140℃烘烤20分鐘,取出放涼即可。

Point

· 無鹽奶油需要放置於室溫,軟化後再操作。

· 做法2若一次加入所有蛋黃會導致油水分離,所以要分次加入拌勻。

· 製作餅乾最重要的步驟,就是不要過度攪拌麵糊,加入材料拌勻即可,不要過度攪拌,麵糰會出筋,在烘烤時就不會自然膨脹成鬆脆的餅乾,吃起來口感就會比較乾硬。

· 如果室溫太高,會使麵糰容易出油黏手,可先將麵糰放至冰箱冷藏,冰硬後再拿出來使用。

繽紛花環
餅乾

烤箱預熱

上火 180℃
下火 150℃

烤焙時間

15 分鐘

製作份量

約 12 片

使用工具

花嘴
SN7094

材料

餅乾麵糰

白豆沙餡 ……… 83g
全蛋 ………… 17g
牛奶 ………… 5g
杏仁粉 ……… 17g
抹茶粉 ……… 3g

裝飾

彩色巧克力米 … 17g

做法

1 將白豆沙餡、全蛋倒入鋼盆，攪拌均勻。

2 加入牛奶拌勻。

3 加入杏仁粉、抹茶粉拌勻。

4 裝入有貝殼花嘴的擠花袋，在鋪好烤盤墊的烤盤上，擠出圓圈形狀。

5 表面撒上彩色巧克力米裝飾。

6 放入烤箱，以上火 180℃、下火 150℃ 烘烤 15 分鐘，取出放涼即可。

Point 彩色巧克力可以用切碎的果乾代替。

#02 造型餅乾

收涎餅乾

烤箱預熱

上火 180℃／下火 160℃

烤焙時間

25 分鐘

製作份量

約 8 片

材料

無鹽奶油 … 75g	低筋麵粉 … 120g
細砂糖 …… 65g	高筋麵粉 … 60g
全蛋 ……… 50g	

做法

1 將軟化的無鹽奶油、細砂糖倒入鋼盆攪拌至乳白色。

2 全蛋先打散，分 2 次加入拌勻。

3 加入過篩的低筋麵粉、高筋麵粉攪拌至成糰。

4 用擀麵棍將麵糰擀成厚度約 0.3 公分的片狀，放入冰箱冷藏 20 分鐘至硬。

5 取出麵糰，用造型餅乾壓模，壓出造型。

6 放在鋪上烤盤布的烤盤，用吸管叉出孔洞。

7 放入烤箱，以上火 180℃、下火 160℃烘烤 25 分鐘，取出放涼即可。

Point

餅乾壓模在壓進麵糰之前，可以先撒上些許高筋麵粉，能預防沾黏、方便脫模。

Part
2

/ 家庭派對好時光 /

蛋糕塔派

清新微酸且散發蘋果香氣的鄉村蘋果派，
口感香濃滑順的半熟起士塔，醇厚奶油加上
海鹽提味的海鹽奶蓋蛋糕，以及瑪德蓮、費南
雪、達克瓦茲等經典常溫蛋糕，品項多樣、口
味豐富，是點綴派對的最佳首選，不只擺上桌
漂亮好看，與親朋好友分享你的手作甜點，美
味好吃還能增進情誼！

# 01 塔 派	# 02 蛋 糕

波士頓派

烤箱預熱

上火 230℃／下火 130℃

烤焙時間

15 分鐘

製作份量

7 吋 SN5415

派盤／1 個

調整溫度

上火 150℃／下火 130℃

烤焙時間

20 分鐘

材料

鮮奶油餡

動物性鮮奶油 … 67g
糖粉 ………… 7g

蛋糕體

蛋黃 ………… 40g
沙拉油 ………… 20g
牛奶 ………… 30g
低筋麵粉 ……… 37g
玉米粉 ………… 3g
奶粉 ………… 3g
蛋白 ………… 60g
細砂糖 ………… 33g

裝飾

糖粉 ………… 適量

A 鮮奶油餡做法

1 將動物性鮮奶油、糖粉倒入鋼盆打發。

B 蛋糕體做法

2 將蛋黃、沙拉油、牛奶倒入鋼盆,攪拌均勻。

3 加入過篩的低筋麵粉、玉米粉、奶粉拌勻備用。

4 另取一個鋼盆倒入蛋白，打至起泡。

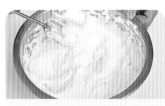

5 加入細砂糖，打至成乾性發泡的蛋白霜。

6 將蛋白霜分次加入做法3攪拌均勻。

7 將麵糊倒入7吋派模，用抹刀把麵糊由外緣向中間均勻抹平。

8 放入烤箱，以上火230℃、下火130℃烘烤15分鐘後，調整為上火150℃、下火130℃烘烤20分鐘。

9 從烤箱取出，連同派盤一起倒扣在涼架上，放涼至冷卻，避免蛋糕體回縮或塌陷。

10 將蛋糕體橫剖對半切開成兩塊。

11 下層蛋糕體上用抹刀填入鮮奶油餡，均勻抹平。

12 蓋回上層的蛋糕體。

13 上層蛋糕體表面抹上鮮奶油餡，並以抹刀繞圓劃出紋路。

14 表面均勻撒上糖粉即可。

--- **Point** ---

· 打發好的鮮奶油餡，若是沒有立刻使用的話，需要先放入冰箱冷藏備用。

· 「乾性發泡」為蛋白霜攪拌完成時，有明顯的紋路，用攪拌器勾起，能呈尖峰挺立狀態。

· 戚風蛋糕體剛烤熟時，由於體積膨脹較大，內部組織較鬆軟，支撐力較差，如不倒扣放涼，會支撐不住自身的重量而回縮或塌陷，影響口感。

#01 塔派

法式鹹派

烤箱預熱

上火 180℃
下火 180℃

烤焙時間

43 分鐘

製作份量

7 吋 SN5441
菊花塔模／1 個

材料

派皮		鹹派蛋液	
無鹽奶油	100g	動物性鮮奶油	200g
高筋麵粉	85g	全蛋	100g
低筋麵粉	45g	鹽	4g
細砂糖	10g	起士粉	10g
鹽	3g	白胡椒粉	4g
冰水	37g	花椰菜	50g
全蛋液	少許	甜椒	50g
		高熔點起士丁	30g

1 將無鹽奶油、高筋麵粉、低筋麵粉、細砂糖、鹽拌勻,用手搓成細沙粒狀。

2 加入冰水拌壓成糰,放入冰箱冷凍鬆弛 30 分鐘。

3 取出麵糰,用擀麵棍擀成厚度約 0.3 公分的圓形派皮。

4 用擀麵棍捲起派皮。

5 移放至派模上攤開。

6 沿著派模邊緣,按壓派皮至貼合。

7 用刮板切除凸出派模的派皮。

8 派皮底部用叉子均勻戳出孔洞,放入冰箱冷凍鬆弛 30 分鐘。

9 派皮鋪上烘焙紙再放滿重石,放入烤箱,以上火 180℃、下火 180℃烘烤約 20 分鐘。

10 拿掉重石跟烘焙紙,派皮刷上全蛋液,再烘烤 3 分鐘,取出放涼。

B
鹹派蛋液做法

11 將動物性鮮奶油、全蛋、鹽、起士粉、白胡椒粉拌勻後,倒入濾網過濾。

12 用刮刀壓濾乾淨,完成「鹹派蛋液」。

C
組合

13 將花椰菜汆燙燙熟,甜椒切丁。

14 將花椰菜、甜椒、高熔點起士丁,均勻撒在派皮中。

15 倒入鹹派蛋液。

16 放入烤箱,以上火180℃、下火180℃烘烤約20分鐘,取出放涼即可。

Point

· 拌勻粉類時不要使用打蛋器,以免過度攪拌產生筋性,用手拌壓才能做出脆口的塔皮。

· 製作塔皮麵糰時,每次捏壓麵糰後,放入冰箱冷凍30分鐘,讓麵糰充分鬆弛,烘烤後才不會緊縮變形。

· 塔皮麵糰從冰箱取出後,直接擀開容易裂開,可以稍微回溫一下,等軟化有延展性再擀壓。

· 烘烤時,為避免空氣加熱膨脹,造成塔皮凸起,會在塔皮底部戳洞,讓空氣流通,並壓上重石預防膨起。

#01 塔派

黃金南瓜派

烤箱預熱
上火 180℃／下火 180℃

烤焙時間
43 分鐘

製作份量
7 吋 SN5441
菊花塔模／1 個

材料

派皮

無鹽奶油	75g
中筋麵粉	150g
細砂糖	10g
鹽	3g
冰水	25g
全蛋液	少許

南瓜餡

南瓜（去皮去籽）	230g
細砂糖	20g
全蛋	50g
動物性鮮奶油	30g
無鹽奶油	20g
玉米粉	20g

A 派皮做法

1 將無鹽奶油、中筋麵粉、細砂糖、鹽拌勻，用手搓成細沙粒狀。

2 加入冰水拌壓成糰，放入冰箱冷凍鬆弛 30 分鐘。

3 取出麵糰，用麵棍成厚度約0.3公分的圓形派皮。

4 用擀麵棍捲起派皮。

5 移放至派模上攤開。

6 沿著派模邊緣，按壓派皮至貼合。

7 用刮板切除凸出派模的派皮。

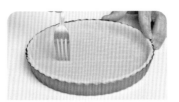

8 派皮底部用叉子均勻戳出孔洞，放入冰箱冷凍鬆弛 30 分鐘。

9 派皮鋪上烘焙紙再放滿重石，放入烤箱，以上火 180℃、下火 180℃ 烘烤約 20 分鐘。

B
南瓜餡做法

10 拿掉重石跟烘焙紙，派皮刷上全蛋液，再烘烤 3分鐘，取出放涼。

11 將南瓜切片，放入電鍋蒸熟。

12 取出，用刮刀壓搗成南瓜泥。

13 加入細砂糖、全蛋、動物性鮮奶油、無鹽奶油、玉米粉拌勻。

14 倒入濾網，用刮刀壓濾，完成「南瓜餡」。

Point

南瓜蒸熟後，要趁熱使用，讓餡料利用餘溫拌均勻，才不易產生顆粒。

C
組合

15 將南瓜餡倒入派皮中，用抹刀均勻抹平。

16 放入烤箱，以上火180℃、下火180℃烘烤約20分鐘，取出放涼即可。

#01 塔派

鄉村蘋果派

烤箱預熱

上火 180℃
下火 180℃

烤焙時間

23 分鐘

烤箱預熱

上火 160℃
下火 220℃

烤焙時間

20 分鐘

製作份量

7 吋菊花塔模
／1 個

材料

派皮	杏仁奶油餡	裝飾
無鹽奶油 …………… 75g	無鹽奶油 …………… 50g	新鮮蘋果 …………… 2 個
中筋麵粉 …………… 150g	細砂糖 …………… 20g	無鹽奶油（融化）… 10g
細砂糖 …………… 10g	全蛋 …………… 50g	細砂糖 …………… 15g
鹽 …………… 3g	杏仁粉 …………… 50g	
冰水 …………… 25g		
全蛋液 …………… 少許		

1 將無鹽奶油、中筋麵粉、細砂糖、鹽拌勻，用手搓成細沙粒狀。

2 加入冰水拌壓成糰，放入冰箱冷凍鬆弛 30 分鐘。

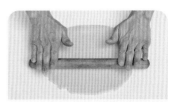

3 取出麵糰，用擀麵棍擀成厚度約 0.3 公分的圓形派皮。

4 用擀麵棍捲起派皮。

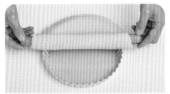

5 移放至派模上攤開。

6 沿著派模邊緣，按壓派皮至貼合。

7 用刮板切除凸出派模的派皮。

8 派皮底部用叉子均勻戳出孔洞，放入冰箱冷凍鬆弛 30 分鐘。

9 派皮鋪上烘焙紙再放滿重石，放入烤箱，以上火 180℃、下火 180℃烘烤約 20 分鐘。

10 拿掉重石跟烘焙紙，派皮刷上全蛋液，再烘烤 3 分鐘，取出放涼。

B
杏仁奶油餡做法

11 將無鹽奶油、細砂糖倒入鋼盆，攪拌均勻。

12 分 2 次加入全蛋攪拌均勻。

13 最後加入杏仁粉攪拌均勻，完成「杏仁奶油餡」。

C
蘋果處理

14 將新鮮蘋果切薄片，以鹽水浸泡，避免氧化變黑。

15 使用前，將蘋果片用廚房紙巾擦乾水分。

> **Point**
>
> 蘋果水分高，使用前先用廚房紙巾將水分吸乾，避免烤時出太多水。

D
組合

16 將杏仁奶油餡裝入擠花袋，從派皮中心以螺旋狀擠入。

17 由外圈往內鋪放上蘋果片。

18 刷上融化的無鹽奶油。撒上細砂糖。

19 放入烤箱，以上火160℃、下火 220℃烘烤約 20 分鐘，放涼即可。

#01 塔派

香蕉櫻桃派

烤箱預熱

上火 180℃
下火 180℃

烤焙時間

63 分鐘

製作份量

7 吋菊花塔模／1 個

材料

派皮

無鹽奶油	75g
中筋麵粉	150g
細砂糖	50g
鹽	3g
冰水	25g
全蛋液	少許

全蛋	50g
杏仁粉	50g

酥菠蘿

無鹽奶油	5g
細砂糖	5g
高筋麵粉	12.5g

杏仁奶油餡

無鹽奶油	50g
細砂糖	20g

裝飾

新鮮香蕉	100g
新鮮櫻桃	100g

A
派皮做法

1 將無鹽奶油、中筋麵粉、細砂糖、鹽拌勻，用手搓成細沙粒狀。

2 加入冰水拌壓成糰，放入冰箱冷凍鬆弛 30 分鐘。

3 取出麵糰，用擀麵棍擀成厚度約 0.3 公分的圓形派皮。

4 用擀麵棍捲起派皮。

5 移放至派模上攤開。

6 沿著派模邊緣，按壓派皮至貼合。

7 用刮板切除凸出派模的派皮。

8 派皮底部用叉子均勻戳出孔洞，放入冰箱冷凍鬆弛 30 分鐘。

9 派皮鋪上烘焙紙再放滿重石，放入烤箱，以上火 180℃、下火 180℃烘烤約 20 分鐘。

10 拿掉重石跟烘焙紙，派皮刷上全蛋液，再烘烤 3 分鐘，取出放涼。

── B ──
杏仁奶油餡做法

11 將無鹽奶油、細砂糖倒入鋼盆，攪拌均勻。

12 分 2 次加入全蛋攪拌均勻。

13 最後加入杏仁粉攪拌均勻，完成「杏仁奶油餡」。

C
酥菠蘿做法

D
組合

14 將無鹽奶油、細砂糖、高筋麵粉拌勻，用手搓成細沙粒狀，放入冰箱冷藏 20 分鐘。

15 將杏仁奶油餡裝入擠花袋，從派皮中心以螺旋狀擠入。

16 鋪放上新鮮香蕉切片、去籽新鮮櫻桃。

17 均勻撒上酥菠蘿。

18 放入烤箱，以上火180℃、下火180℃烘烤約40分鐘，取出放涼即可。

— **Point** —
新鮮櫻桃要先去籽，再用廚房紙巾將水分吸乾。

#01 塔派

半熟起士塔

烤箱預熱
上火 180℃／下火 180℃

烤焙時間
25 分鐘

製作份量
SN6184 塔模
／10 個

烤箱預熱
上火 230℃／下火 200℃

烤焙時間
10 分鐘

材料

塔皮

無鹽奶油 ……… 50g

細砂糖 ………… 40g

鹽 …………… 2g

全蛋 ………… 50g

中筋麵粉 ……… 125g

蛋白液 ………… 少許

起司內餡

奶油起士 ……… 80g

馬斯卡彭起士 … 48g

細砂糖 ………… 32g

動物性鮮奶油 … 48g

牛奶 ………… 32g

檸檬汁 ………… 3g

裝飾

蛋黃液 ………… 適量

A

塔皮做法

1 將無鹽奶油、細砂糖、鹽倒入鋼盆，攪拌至乳白色。

2 分2次加入全蛋攪拌均勻。

3 加入過篩的中筋麵粉攪拌至成糰。

4 工作台上撒上手粉，麵糰移至工作台上，用雙手掌心滾動整形成圓柱狀。

5 將麵糰分割成10份，每份20g。

6 將麵糰沾上手粉，用掌心搓圓。

7 再將麵糰用掌心壓平。

8 放入塔模內，用手指按壓修邊。

9 用刮板切除凸出塔模的塔皮。

10 塔皮底部用叉子均勻戳出孔洞，放入冰箱冷凍鬆弛 30 分鐘。

11 放入烤箱，上火 180℃、下火 180℃烘烤約 20 分鐘。

12 刷上蛋白液，再烘烤 5 分鐘，取出放涼。

B

起司內餡做法

13 將奶油起士、馬斯卡彭起士、細砂糖倒入鋼盆，攪拌均勻。

14 加入動物性鮮奶油、牛奶、檸檬汁拌勻，完成「起司內餡」。

Point

塔皮倒入起司內餡，放入冰箱冷凍 30 分鐘，冰硬後才好在表面刷上蛋黃液。

C

組合

15 將起司內餡裝入擠花袋，擠入塔皮內，放入冰箱冷凍 30 分鐘。

16 取出，表面刷上蛋黃液。

17 放入烤箱，以上火 230℃、下火 200℃烘烤約 10 分鐘，取出放涼即可。

法式檸檬塔

烤箱預熱

上火 180℃
下火 180℃

烤焙時間

45 分鐘

製作份量

7 公分直角小圓模
／ 6 個

材料

塔皮

無鹽奶油	62g
細砂糖	35g
鹽	1g
全蛋	25g
中筋麵粉	100g
低筋麵粉	25g

檸檬奶油餡

全蛋	100g
細砂糖	45g
檸檬汁	55g
無鹽奶油	45g
檸檬皮（磨細）	少許

杏仁奶油餡

無鹽奶油	25g
細砂糖	17g
全蛋	25g
杏仁粉	25g

1 將無鹽奶油、過篩的細砂糖、鹽倒入鋼盆，攪拌至乳白色。

2 分 2 次加入全蛋攪拌均勻。

3 加入過篩的中筋麵粉、低筋麵粉攪拌至成糰。

4 將麵糰分割成 6 份各 40g。

5 將麵糰沾上手粉，用掌心搓圓。

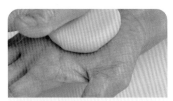

6 再將麵糰用掌心壓平。

7 放入直角塔模內，封上保鮮膜。

8 壓入塔皮壓模棒至麵糰充滿塔模。

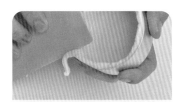

9 撕除保鮮膜，用刮板切除凸出塔模的麵糰。

10 塔皮底部用叉子均勻戳出孔洞，放入冰箱冷凍鬆弛 30 分鐘。

11 鋪上烤焙紙，壓上重石。

12 放入烤箱，以上火 180℃、下火180℃烘烤約20分鐘，取出放涼。

Point 室溫較高時，容易讓塔皮出油，可以先將塔皮放入冰箱，冷凍 15 ～ 30 分鐘再繼續操作。

B 檸檬奶油餡做法

13 將全蛋、細砂糖、檸檬汁拌勻。

14 隔水加熱拌勻至濃稠。

15 離火,加入無鹽奶油拌勻。

16 加入檸檬皮(磨細)拌勻即可。

C 杏仁奶油餡做法

17 將無鹽奶油、細砂糖倒入鋼盆,攪拌至乳白色。

18 分 2 次加入全蛋攪拌均勻。

19 加杏仁粉拌勻即可。

D 組合

20 杏仁奶油餡裝入擠花袋,每個塔皮擠入 15g。

21 再放入烤箱,以上火 180℃、下火 180℃烘烤約 25 分鐘。

22 取出,擠入檸檬奶油餡即可。

夏威夷豆塔

烤箱預熱
上火 180℃
下火 180℃

烤焙時間
25 分鐘

製作份量
SN6184 塔模
／ 12 個

烤箱預熱
上火 130℃
下火 130℃

烤焙時間
13 分鐘

材料

塔皮	蛋白液 …… 少許	水 ………… 20g
無鹽奶油 … 62g		蜂蜜 …… 4g
細砂糖 …… 35g	內餡	鹽 ………… 2g
鹽 ………… 1g	夏威夷豆 … 250g	無鹽奶油 … 20g
全蛋 …… 25g	南瓜子 …… 25g	蔓越莓乾 … 25g
中筋麵粉 … 100g	細砂糖 …… 24g	
低筋麵粉 … 25g	水麥芽 …… 24g	

A 塔皮做法

1 將無鹽奶油、細砂糖、鹽倒入鋼盆，攪拌至乳白色。

2 分 2 次加入全蛋攪拌均勻。

3 加入過篩的中筋麵粉、低筋麵粉攪拌至成糰。

4 工作台上撒上手粉，麵糰移至工作台上，用雙手掌心滾動整形成圓柱狀。

5 將麵糰分割成 12 份，每份 20g。

6 將麵糰沾上手粉，用掌心搓圓。

7 再將麵糰用掌心壓平。

8 放入塔模內，用手指按壓修邊。

9 用刮板切除凸出塔模的塔皮。

10 塔皮底部用叉子均勻戳出孔洞,放入冰箱冷凍鬆弛 30 分鐘。

11 放入烤箱,上火 180℃、下火 180℃ 烘烤約 20 分鐘。

12 刷上蛋白液,再烘烤 5 分鐘,取出放涼。

B
內餡做法

13 夏威夷豆、南瓜子放入烤箱,以上火150℃、下火150℃烘烤20分鐘。

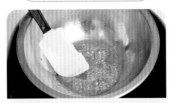

14 細砂糖、水麥芽、水、蜂蜜倒入鍋子煮滾。

15 加入鹽、無鹽奶油煮滾。

C
組合

16 離火,加入烤好的夏威夷豆、南瓜子、蔓越莓乾拌勻。

17 塔皮脫模,每個填入內餡22g。

18 放入烤箱,以上火 130℃、下火130℃烘烤約13分鐘,取出放涼即可。

Point
· 以按壓的方式揉合麵糰,使麵糰成型,且動作速度要快,避免麵糰出油。
· 塔皮不要過度攪拌,會產生筋性,烤出來就不酥脆了。

#01 塔派

鏡面巧克力塔

烤箱預熱

上火 180℃
下火 180℃

烤焙時間

55 分鐘

製作份量

7 公分直角小圓模
／ 6 個

材料

可可塔皮

無鹽奶油	55g
細砂糖	30g
鹽	1g
全蛋	50g
低筋麵粉	110g
可可粉	15g

杏仁餡

無鹽奶油	25g
細砂糖	17g
全蛋	25g
杏仁粉	25g

鏡面巧克力館

動物性鮮奶油	75g
葡萄糖漿	40g
70% 苦甜巧克力	100g

1 將無鹽奶油、細砂糖、鹽倒入鋼盆，攪拌至乳白色。

2 分2次加入全蛋攪拌均勻。

3 加入過篩的低筋麵粉、可可粉攪拌至成糰。

4 工作台上撒上手粉，麵糰移至工作台上，用雙手掌心滾動整形成圓柱狀。

5 將麵糰分割成6份，每份40g。

6 將麵糰沾上手粉，用掌心搓圓。

7 再將麵糰用掌心壓平。

8 放入直角塔模內，封上保鮮膜。

9 壓入塔模壓棒至麵糰充滿塔模。

10 撕除保鮮膜，用刮板切除凸出塔模的塔皮。

11 塔皮底部用叉子均勻戳出孔洞，放入冰箱冷凍鬆弛30分鐘。

12 塔皮鋪上烘焙紙再放滿重石，放入烤箱，以上火180℃、下火180℃烘烤約15分鐘，取出放涼。

13 將無鹽奶油、細砂糖倒入鋼盆攪拌均勻。

14 分2次加入全蛋攪拌均勻。

15 加入杏仁粉拌勻，完成「杏仁奶油餡」。

B
杏仁餡做法

C
鏡面巧克力醬做法

16 將動物性鮮奶油、葡萄糖漿倒入鋼盆，拌勻煮至83～85℃。

17 加入苦甜巧克力攪拌至光滑狀，完成「鏡面巧克力醬」。

Point

選用不同比例的苦甜巧克力，口感及軟硬度也會稍微不同，可依自身喜好調整。

D
組合

18 杏仁奶油餡裝入擠花袋，塔皮內擠入15g。

19 放入烤箱，以上火180℃、下火180℃烘烤約40分鐘，取出放涼。

20 鏡面巧克力醬裝入擠花袋，擠入塔皮內即可。

布蕾蛋塔

烤箱預熱
上火 180℃／下火 180℃

烤焙時間
25 分鐘

製作份量
SN6184 塔模 ／
10 個

烤箱預熱
上火 220℃／下火 220℃

烤焙時間
25 分鐘

材料

塔皮

無鹽奶油	65g
細砂糖	55g
鹽	1g
全蛋	25g
低筋麵粉	120g
蛋白液	少許

布蕾液

牛奶	40g
細砂糖	20g
蛋黃	40g
動物性鮮奶油	130g

A 塔皮做法

1 將無鹽奶油、細砂糖、鹽倒入鋼盆，攪拌至乳白色。

2 分 2 次加入全蛋攪拌均勻。

3 加入過篩的低筋麵粉攪拌至成糰。

4 工作台上撒上手粉，麵糰移至工作台上，用雙手掌心滾動整形成圓柱狀。

5 將麵糰分割成 10 份，每份 26g。

6 將麵糰沾上手粉，用掌心搓圓。

7 再將麵糰用掌心壓平。

8 放入塔模內，用手指按壓修邊。

9 用刮板切除凸出塔模的塔皮。

10 塔皮底部用叉子均勻戳出孔洞，放入冰箱冷凍鬆弛 30 分鐘。

11 放入烤箱，上火 180℃、下火 180℃ 烘烤約 20 分鐘。

12 刷上蛋白液，再烘烤 5 分鐘，取出放涼。

― B ―
布蕾液做法

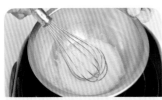

13 將牛奶、細砂糖煮倒入鋼盆，加熱至融化。

14 另取一鋼盆，將蛋黃、動物性鮮奶油拌勻。

15 將做法13沖入做法14拌勻。

C
組合

16 以濾網過篩,完成「布蕾液」。

17 將布蕾液倒入塔皮。

18 放入烤箱,以上火220℃、下火220℃烘烤約25分鐘,取出放涼即可。

―――― **Point** ――――

· 塔皮不要過度攪拌,會產生筋性,烤出來就不酥脆了。

· 室溫較高時,容易讓塔皮出油,可以先將塔皮放入冰箱,冷凍 15 ~ 30 分鐘再繼續操作。

· 烘烤時,為避免空氣加熱膨脹,造成塔皮凸起,會在塔皮底部戳洞,讓空氣流通,並壓上重石預防膨起。

· 布蕾液拌勻後,一定要過篩,這樣吃起來口感才會細緻。

奶油磅蛋糕

烤箱預熱

上火 220℃／下火 170℃

烤焙時間

10 分鐘

製作份量

磅蛋糕模
20×8×6 公分
／1 條

材料

無鹽奶油 ⋯ 135g
細砂糖 ⋯⋯ 130g
鹽 ⋯⋯⋯⋯ 1.5g
全蛋 ⋯⋯⋯ 125g
低筋麵粉 ⋯ 140g
泡打粉 ⋯⋯ 2.5g
牛奶 ⋯⋯⋯ 25g

調整溫度

上火 150℃／下火 200℃

烤焙時間

40 分鐘

做法

1 將無鹽奶油、細砂糖、鹽倒入鋼盆，攪拌至乳白色。

2 分 2 次加入全蛋攪拌均勻。

3 加入過篩的低筋麵粉、泡打粉拌勻。

4 加入牛奶拌勻。

5 磅蛋糕模刷上些許無鹽奶油。

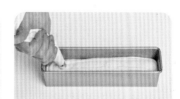

6 將麵糊裝入擠花袋中，擠進磅蛋糕模。

7 放入烤箱，上火 220℃、下火170℃烘烤10分鐘。

8 取出，在中間表面劃一刀，再放入烤箱，以上火 150℃、下火 200℃烘烤 40 分鐘，取出放涼即可。

Point
·烤焙中，當麵糊表面結皮時，從烤箱取出，在表面劃一刀，可幫助麵糊膨脹，形成漂亮的裂紋。
·麵糊裝入模具後，以抹刀將麵糊中間抹得比較低，可以避免中心熱氣上升時，膨脹變形。

香蕉蛋糕

烤箱預熱

上火 190℃
下火 170℃

烤焙時間

40 分鐘

製作份量

磅蛋糕模
20×8×6 公分
／1 條

材料

核桃	25g	泡打粉	2g
香蕉（去皮切片）	90g	沙拉油	75g
細砂糖	75g	無鹽奶油	少許
全蛋	100g		
低筋麵粉	120g	**裝飾**	
小蘇打粉	1g	核桃	適量

前置準備

1 將核桃放入烤箱，以上火 150℃、下火 150℃ 烘烤約 10 分鐘。

做法

2 將香蕉片、細砂糖、全蛋倒入鋼盆攪拌至乳白色。

3 加入過篩的低筋麵粉、小蘇打粉、泡打粉攪拌均勻。

4 加入沙拉油攪拌均勻。

5 加入烘烤好的核桃攪拌均勻。

6 磅蛋糕模刷上些許無鹽奶油。

7 將麵糊倒入磅蛋糕模。

8 表面撒上些許核桃裝飾。

9 放入烤箱，以上火 190℃、下火 170℃烘烤 40 分鐘，取出放涼即可。

Point

· 選購香蕉時，挑選果皮有黑色斑點的，香氣會比較足。

· 烤焙時間會因模具的大小而異，可以用竹籤插入蛋糕中心點，拿出無黏附麵糊即可。

#02 蛋糕

乳酪布丁燒

烤箱預熱
上火 150℃／下火 140℃

烤焙時間
40 分鐘

製作份量
布丁杯／5 個

材料

焦糖液
細砂糖 ………… 40g
冷水 …………… 20g
熱水 …………… 15g

布丁液
動物性鮮奶油 … 100g
全蛋 …………… 50g
蛋黃 …………… 50g
牛奶 …………… 200g
細砂糖 ………… 30g

輕乳酪蛋糕體
奶油起士 ……… 30g
牛奶 …………… 25g
無鹽奶油 ……… 10g
蛋黃 …………… 40g
低筋麵粉 ……… 15g
玉米粉 ………… 10g
蛋白 …………… 60g
細砂糖 ………… 30g

A 焦糖液做法

1 細砂糖加冷水，以中小火煮至焦糖色。

2 慢慢加入熱水並攪拌均勻備用。

B 布丁液做法

3 將動物性鮮奶油、全蛋、蛋黃拌勻備用。

4 牛奶、細砂糖拌勻加熱至 85℃。

5 將做法4沖入做法3拌勻。

6 將布丁液倒入濾網過濾備用。

7 將奶油起士、牛奶、無鹽奶油隔水加熱至融化拌勻。

8 加入蛋黃攪拌均勻。

9 離火,加入過篩的低筋麵粉、玉米粉攪拌至光滑狀備用。

10 將蛋白打至起泡,加入細砂糖打至乾性發泡7分發的蛋白霜。

11 將蛋白霜分次加入做法9攪拌均勻。

D

組合

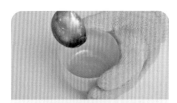

12 將焦糖液倒入布丁杯底。

13 再倒入布丁液,放入深烤盤中。

14 輕乳酪麵糊裝入擠花袋,擠入杯中。

15 深烤盤放入烤箱,倒入70℃的熱水,至約烤盤的1/3高度。以上火150℃、下火140℃烘烤40分鐘,取出放涼即可。

Point 煮焦糖時不能攪拌,會讓糖粉容易結晶,變回顆粒狀的砂糖,也就是所謂的「反砂」。

#02 蛋糕

老奶奶
檸檬蛋糕

烤箱預熱

上火 180℃
下火 150℃

烤焙時間

25 分鐘

製作份量

6 吋蛋糕模
／ 1 個

調整溫度

上火 150℃
下火 150℃

烤焙時間

15 分鐘

材料

檸檬糖霜

糖粉 ……………… 165g
檸檬汁 …………… 3g

蛋糕體

無鹽奶油 ………… 93g
全蛋 ……………… 100g
細砂糖 …………… 80g
低筋麵粉 ………… 86g
檸檬汁 …………… 16g

裝飾

檸檬片 …………… 1 片
檸檬皮（磨細）… 少許

A　檸檬糖霜做法

B　蛋糕體做法

1 將糖粉，加入檸檬汁拌勻，完成「檸檬糖霜」備用。

2 將無鹽奶油加熱至 85℃備用。

3 將全蛋、細砂糖倒入鋼盆，隔水加熱至 45℃並打發。

4 離火，加入過篩的低筋麵粉攪拌均勻。

5 加入做法 2 的無鹽奶油攪拌均勻。

6 加入檸檬汁攪拌均勻。

7 將麵糊倒入 6 吋蛋糕模。

8 放入烤箱，以上火 180℃、下火 150℃烘烤 25 分鐘，再以上火 150℃、下火 150℃烘烤 15 分鐘，取出放涼。

— Point —

· 無鹽奶油加熱至 85℃後，必須保溫備用。
· 檸檬皮不要刨到白色的部份，會有苦味。而且要加入前再刨，否則檸檬皮會氧化變色。

C
組合

9 脫模後，表面擠上檸檬糖霜至邊緣流瀉而下。

10 用刨刀刨上些許檸檬皮（磨細）。

11 放上檸檬片裝飾即可。

蔓越莓瑪芬

材料

全蛋	150g
細砂糖	120g
鹽	2g
低筋麵粉	180g
泡打粉	3g
牛奶	40g
沙拉油	80g
蔓越莓果乾	60g

烤箱預熱
上火 180℃
下火 160℃

烤焙時間
25 分鐘

製作份量
瑪芬杯
／ 8 個

做法

1 將全蛋、細砂糖、鹽倒入鋼盆攪拌均勻。

2 加入過篩的低筋麵粉、泡打粉攪拌均勻。

3 加入牛奶、沙拉油攪拌均勻。

4 加入蔓越莓果乾拌勻。

5 將麵糊裝入擠花袋，擠入瑪芬杯至 8 分滿。

6 放入烤箱，以上火 180℃、下火 160℃烘烤 25 分鐘，取出放涼即可。

Point 蔓越莓果乾可依自己的喜好，替換成不同的果乾。

巧克力布朗尼

烤箱預熱

上火 180℃
下火 170℃

烤焙時間

35 分鐘

製作份量

28×23×4.8 公分
鋁盤／1 個

材料

苦甜巧克力 ⋯⋯ 190g	細砂糖 B ⋯⋯⋯ 90g
無鹽奶油 ⋯⋯⋯ 100g	低筋麵粉 ⋯⋯⋯ 80g
動物性鮮奶油 ⋯ 95g	可可粉 ⋯⋯⋯⋯ 60g
蛋黃 ⋯⋯⋯⋯⋯ 100g	耐烤巧克力 ⋯⋯ 45g
細砂糖 A ⋯⋯⋯ 75g	核桃 ⋯⋯⋯⋯⋯ 60g
蛋白 ⋯⋯⋯⋯⋯ 150g	

做法

1 將苦甜巧克力、無鹽奶油、動物性鮮奶油隔水加熱，攪拌至光滑狀備用。

2 蛋黃加入細砂糖 A，打發備用。

3 將蛋白打至起泡，加入細砂糖B打至乾性發泡7分發的蛋白霜。

4 將蛋白霜分次加入做法2攪拌均勻。

5 再加入做法1，攪拌均勻。

6 加入過篩的低筋麵粉、可可粉攪拌均勻。

7 鋁盤鋪好烘焙紙後，倒入麵糊。

8 使用刮板將麵糊抹平。

9 均勻撒上耐烤巧克力及核桃。

10 放入烤箱，以上火180℃、下火170℃烘烤35分鐘，放涼即可。

Point 融化巧克力的溫度不要超過 50℃，水滾沸後離火攪拌至融化即可。

黑珍珠蛋糕

烤箱預熱
上火 190℃
下火 140℃

烤焙時間
25 分鐘

製作份量
28 ×23×4.8 公分
鋁盤／1 個

材料

蛋糕體

苦甜巧克力	20g
無鹽奶油	30g
牛奶	40g
低筋麵粉	30g
可可粉	10g
小蘇打粉	2g
動物性鮮奶油	20g

蛋黃 …………………… 80g
蛋白 …………………… 120g
細砂糖 ………………… 70g

內餡

軟質巧克力 …………… 100g
酒漬黑櫻桃（罐頭）… 11 個

做法

1 將苦甜巧克力、無鹽奶油、牛奶倒入鋼盆，隔水加熱至溶化拌勻。

2 離火，加入過篩低筋麵粉、可可粉、小蘇打粉攪拌均勻。

3 加入動物性鮮奶油、蛋黃拌勻備用。

4 將蛋白打至起泡，加入細砂糖打至乾性發泡的蛋白霜。

5 將蛋白霜分次加入做法3攪拌均勻。

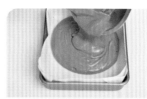

6 鋁盤鋪好烘焙紙後，倒入麵糊。

7 用刮板將麵糊抹平。

8 放入烤箱，以上火190℃、下火140℃烘烤25分鐘，取出放涼。

9 蛋糕體表面用抹刀均勻抹上一層軟質巧克力。

10 在蛋糕體的一端，放上一排酒漬黑櫻桃。

11 用擀麵棍將烘焙紙捲起。

12 由邊緣往內捲起成蛋糕捲。

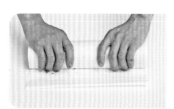

13 抽出擀麵棍，用雙手滾緊即可。

林明頓蛋糕

烤箱預熱

上火 190℃
下火 140℃

烤焙時間

30 分鐘

製作份量

27×17×4 公分
鋁盤／1 個

材料

蛋糕體

全蛋	150g
蛋黃	60g
細砂糖	75g
低筋麵粉	80g
玉米粉	10g
無鹽奶油	15g
牛奶	15g

巧克力淋面

動物性鮮奶油	80g
水	80g
可可粉	20g
細砂糖	10g
苦甜巧克力	50g

裝飾

椰子粉	200g

A
蛋糕體做法

1 將全蛋、蛋黃、細砂糖倒入鋼盆打發。

2 加入過篩的低筋麵粉、玉米粉攪拌均勻。

3 加入無鹽奶油、牛奶攪拌均勻。

4 鋁盤鋪好烘焙紙後，倒入麵糊。

5 用刮板將麵糊抹平。

6 放入烤箱，以上火190℃、下火140℃烘烤30分鐘，取出放涼後，放入冰箱冷凍1小時至冰硬。

7 取出蛋糕體，切除四邊表面。

8 再切成3×3公分的大小，放入冰箱冷凍備用。

Point

蛋糕體一定要冰硬，沾裹淋面及椰子粉，才會漂亮。

B
巧克力淋面做法

C
組合

9 將動物性鮮奶油、水、可可粉、細砂糖、苦甜巧克力倒入鋼盆，隔水加熱並拌勻。

10 用兩支叉子夾著蛋糕，放入巧克力淋面醬，將各面均勻沾裹上淋面。

11 將椰子粉鋪在烘焙紙，放上蛋糕體滾動沾裹上即可。

#02 蛋糕

北海道戚風蛋糕

烤箱預熱

上火 180℃
下火 130℃

烤焙時間

20 分鐘

製作份量

150g 方紙杯
／ 5 個

材料

蛋糕體

蛋黃 …………… 60g
細砂糖 A ……… 20g
鹽 ……………… 2g
沙拉油 ………… 30g
牛奶 …………… 25g
低筋麵粉 ……… 50g
泡打粉 ………… 2g
蛋白 …………… 90g
細砂糖 B ……… 60g

卡士達醬

冰牛奶 ………… 160g
卡士達粉 ……… 60g
動物性鮮奶油 … 260g

裝飾

糖粉 …………… 適量

A 蛋糕體做法

1 將蛋黃、細砂糖 A、鹽倒入鋼盆攪拌至乳白色。

2 加入沙拉油、牛奶攪拌均勻。

3 加入過篩的低筋麵粉、泡打粉拌勻備用。

4 先將蛋白打至起泡，加入細砂糖 B 打至乾性發泡的蛋白霜。

5 將蛋白霜分次加入做法3攪拌均勻。

6 將麵糊裝入擠花袋，擠進方形紙杯至8分滿。

7 放入烤箱，以上火180℃、下火130℃烘烤20分鐘，取出放涼。

B
卡士達醬做法

8 將冰牛奶、卡士達粉倒入鋼盆拌勻。

9 將動物性鮮奶油打發。

10 將做法9加入做法8拌勻，完成「卡士達醬」。

C
組合

11 將卡士達醬裝入擠花袋，插進蛋糕體內，擠入卡士達醬至稍微滿出來。

12 表面均勻撒上糖粉即可。

Point
此款蛋糕冷凍過後再食用，內餡會有如冰淇淋一般的口感。

#02 蛋糕

海鹽奶蓋蛋糕

烤箱預熱

上火 190℃

下火 140℃

烤焙時間

25 分鐘

製作份量

6 吋蛋糕模

／1 個

材料

蛋糕體
蛋黃 ……………… 60g
沙拉油 …………… 30g
煉乳 ……………… 15g
牛奶 ……………… 23g
低筋麵粉 ………… 60g
奶粉 ……………… 15g
蛋白 ……………… 90g
細砂糖 …………… 60g

海鹽奶油
奶油起士 ………… 50g
煉乳 ……………… 50g
海鹽 ……………… 3g
牛奶 ……………… 92g
動物性鮮奶油 … 200g

裝飾
杏仁片 …………… 20g
糖粉 ……………… 5g

1 將杏仁片放入烤箱，以上火 150℃、下火 150℃烘烤約 10 分鐘。

A 蛋糕體做法

2 將蛋黃、沙拉油、煉乳、牛奶倒入鋼盆，攪拌均勻。

3 加入過篩的低筋麵粉、奶粉攪拌均勻備用。

4 將蛋白打至起泡，加入細砂糖打至乾性發泡的蛋白霜。

5 將蛋白霜分次加入做法 3 攪拌均勻。

6 將麵糊倒入 6 吋蛋糕模。

7 將烤模拿起，與桌面輕敲幾下。

8 放入烤箱，以上火 190℃、下火 140℃烘烤 25 分鐘，取出放涼脫模。

─── B ───
海鹽奶油做法

9 將奶油起士、煉乳、海鹽、牛奶倒入鋼盆，攪拌均勻。

10 另取鋼盆，倒入動物性鮮奶油打發。

11 將做法 9 加入做法 10 攪拌均勻。

─── C ───
組合

12 用鉅齒刀切入蛋糕體中心，以45度轉一圈。

13 將海鹽奶油裝入擠花袋，擠入蛋糕體內。

14 蛋糕表面也擠上海鹽奶油，呈現自然流下的奶蓋效果。

15 表面撒上杏仁片、糖粉即可。

Point 烤焙時間會因模具的大小而異，可以用竹籤插入蛋糕中心點，拿出無黏附麵糊即可。

#02 蛋糕

岩燒蜂蜜蛋糕

烤箱預熱

上火 190℃／下火 150℃

烤焙時間

25 分鐘

製作份量

6 吋蛋糕模

／1 個

烤箱預熱

上火 220℃／下火 100℃

烤焙時間

10 分鐘

材 料

蛋糕體		起士蜂蜜奶油醬
蛋黃 …………… 60g	低筋麵粉 ……… 68g	切達起士片 …… 24g
沙拉油 ………… 30g	蛋白 …………… 90g	無鹽奶油 ……… 20g
蜂蜜 …………… 23g	細砂糖 ………… 45g	動物性鮮奶油 … 20g
牛奶 …………… 23g		蜂蜜 …………… 10g

A
蛋糕體做法

1 將蛋黃、沙拉油、蜂蜜、牛奶倒入鋼盆，攪拌均勻。

2 加入過篩的低筋麵粉攪拌均勻備用。

3 將蛋白打至起泡，加入細砂糖打至乾性發泡的蛋白霜。

4 將蛋白霜分次加入做法 2 攪拌均勻。

5 將麵糊倒入 6 吋蛋糕模。

6 將烤模拿起，與桌面輕敲幾下。

7 放入烤箱，以上火190℃、下火150℃烘烤25分鐘。

8 從烤箱取出，連同烤模一起倒扣在涼架上，放涼至冷卻，避免蛋糕體回縮或塌陷。

B
起士蜂蜜奶油醬做法

9 將切達起士片、無鹽奶油倒入鋼盆，隔水加熱拌勻。

10 加入動物性鮮奶油、蜂蜜攪拌均勻。

C
組合

11 脫模後，將蛋糕體底部朝上，淋上起士蜂蜜奶油醬。

12 用抹刀將起士蜂蜜奶油醬均勻抹平。

13 放入烤箱，以上火220℃、下火100℃烘烤10分鐘至表面上色即可。

Point

· 切達起士片可依個人喜好換成其他起士片，會有不同的風味。

· 戚風蛋糕體剛烤熟時，由於體積膨脹較大，內部組織較鬆軟，支撐力較差，如不倒扣放涼，會支撐不住自身的重量而回縮或塌陷，影響口感。

千層蛋糕

烤箱預熱

上火 190℃
下火 140℃

烤焙時間

40 分鐘

製作份量

28×23×4.8 公分
鋁盤／1 個

材料	
無鹽奶油	125g
細砂糖	50g
全蛋	200g
中筋麵粉	45g
泡打粉	2g
蜂蜜	15g
煉乳	15g

1 將無鹽奶油、細砂糖倒入鋼盆攪拌均勻。

2 分次加入全蛋,攪拌至乳白色。

3 加入過篩的中筋麵粉、泡打粉攪拌均勻。

4 加入蜂蜜、煉乳攪拌均勻。

5 鋁盤鋪好烤焙紙後,倒入 90g 麵糊。

6 用抹刀將麵糊抹平。

7 放入烤箱,以上火190℃、下火140℃烘烤10分鐘。

8 取出,再倒入90g麵糊。

9 用抹刀將麵糊抹平。

10 再放入烤箱,以上火190℃、下火140℃烘烤10分鐘,做法8～做法10重複3次

11 取出,撕去烤焙紙,切除四邊再對切。

12 將兩塊蛋糕體疊放即可。

Point 烘烤第 4 份蛋糕體時,可以用牙籤稍微將麵糊上的小泡泡戳破、去掉,烤出來得表面會更漂亮。

#02 蛋糕

瑪德蓮

烤箱預熱

上火 200℃
下火 200℃

烤焙時間

20 分鐘

製作份量

6 個

┌─ **材料** ─┐

無鹽奶油 … 65g
全蛋 ……… 100g
細砂糖 …… 50g
低筋麵粉 … 65g
泡打粉 …… 3g
煉乳 ……… 10g

1 將無鹽奶油加熱至 65℃融化備用。

2 將全蛋、細砂糖倒入鋼盆，攪拌均勻。

3 加入過篩的低筋麵粉、泡打粉攪拌均勻。

4 加入做法1融化的無鹽奶油攪拌均勻。

5 加入煉乳攪拌均勻，封上保鮮膜，放入冰箱冷藏5小時。

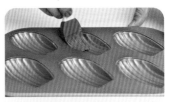

6 將瑪德蓮模具塗上的無鹽奶油。

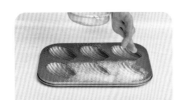

7 撒上些許高筋麵粉。

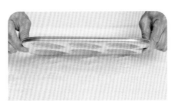

8 將過多的麵粉倒扣掉。

9 取出麵糊裝入擠花袋，擠入模具至8分滿。

10 放入烤箱，以上火200℃、下火200℃烘烤15～20分鐘，取出輕敲脫模，放涼即可。

Point

· 製作麵糊時的每個攪拌動作都盡量輕柔，尤其是加入麵粉之後，以避免產生筋性。
· 瑪德蓮烘烤完成後，放置隔天再吃，口感會更濕潤。

#02 蛋糕

費 南 雪

烤箱預熱

上火 190℃
下火 170℃

烤焙時間

15 分鐘

製作份量

8 個

---- **材料** ----

無鹽奶油 … 30g
低筋麵粉 … 15g
杏仁粉 …… 60g
糖粉 ……… 25g
蛋白 ……… 30g
蜂蜜 ……… 10g

1 將無鹽奶油倒入鋼盆，用中小火煮至褐色，完成「焦化奶油」。

Point

· 費南雪誘人的香氣關鍵就在於「焦化奶油」，將奶油加熱至像榛果醬的半透明褐色，並散發出類似堅果的香氣。

做法

2 將過篩的低筋麵粉、杏仁粉、糖粉倒入鋼盆拌勻。

3 加入焦化奶油攪拌均勻。

4 加入蛋白攪拌均勻。

5 加入蜂蜜攪拌均勻，放入冰箱冷藏 30 分鐘。

6 將費南雪烤模塗上一層無鹽奶油。

7 撒上些許高筋麵粉。

8 再將過多的麵粉倒扣掉。

9 取出麵糊裝入擠花袋，擠入烤模至 9 分滿。

10 放入烤箱，以上火 190℃、下火 170℃烘烤 15 分鐘，取出輕敲脫模，放涼即可。

#02 蛋糕

達克瓦茲

烤箱預熱

上火 180℃
下火 160℃

烤焙時間

20 分鐘

製作份量

6 個

材料

蛋糕體

蛋白 ……… 40g
細砂糖 …… 13g
低筋麵粉 … 5g
糖粉 A …… 25g
杏仁粉 …… 25g

糖粉 B …… 少許

蜂蜜奶油霜

無鹽奶油 … 100g
細砂糖 …… 10g
蜂蜜 ……… 10g

A
蛋糕體做法

1 將蛋白倒入鋼盆打至起泡。

2 加入細砂糖打至乾性發泡,呈現短尖微鉤狀。

3 分 2 次將過篩的低筋麵粉、糖粉 A、杏仁粉加入,並以刮刀切拌的方式拌勻。

4 將達克瓦茲專用模噴上一些水。

5 將達克瓦茲烤模放在烘焙布上。

6 將麵糊裝入擠花袋,擠入烤模。

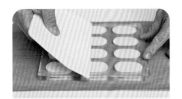

7 用刮板將麵糊刮平整。

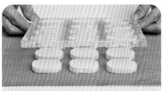

8 輕輕地拿起烤模。

9 均勻撒上糖粉B。

B
蜂蜜奶油霜做法

10 放入烤箱，以上火180℃、下火160℃烘烤20分鐘，取出放涼。

11 將無鹽奶油、細砂糖、蜂蜜倒入鋼盆打發，完成「蜂蜜奶油霜」。

Point

· 蛋糕體做法3時，以切拌的方式拌勻，是為了盡量避免蛋白霜消泡。
· 烤模使用前噴上些許的水，能比較容易脫模。
· 烤盤鋪上烘焙紙能比較不會沾黏。
· 烘烤前，糖粉撒2～3次，能讓外層口感較脆，糖珠比較多。

C
組合

12 將蜂蜜奶油霜裝入擠花袋，在蛋糕體上擠成水滴形。

13 蓋上另外一片蛋糕體即可。

Part
3

／ 小家庭的日常芬芳 ／

經典麵包

洋溢著義大利風情的巧巴達、佛卡夏、番茄麵包、水果麵包，充滿堅果穀物的無花果全麥麵包、胚芽葡萄乾麵包，維也納奶油麵包、奶油捲麵包、茶香蘋果麵包等各式點心麵包，讓你家就是烘焙坊，每日新鮮麵包芬芳上桌！

/ 烘焙麵包 /
基本流程

攪拌混合

拾起階段

捲起階段

擴展階段

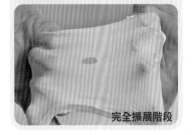
完全擴展階段

1 先將麵粉、酵母粉、細砂糖、鹽等乾性材料,和牛奶、水、雞蛋等液態材料加入攪拌缸,用慢速攪拌,等確定麵粉不會噴出攪拌缸後,轉成中速攪拌至成糰。

▲ 拾起階段——此時麵糰的狀態粗糙、濕黏,沒有彈性及延展性。

▲ 捲起階段——此時水分已完全被麵粉吸收,開始產生筋性。麵糰仍會黏手,拉開會斷裂。

▲ 擴展階段——麵糰表面漸漸變得光滑,觸碰時有彈性、不黏手。當拉開麵糰時,薄膜破裂口處會呈現鋸齒狀。

2 加入無鹽奶油以慢速攪拌,攪拌至與麵糰充分混合後,再以中速攪拌至麵糰呈光滑,用手撐開呈薄膜。

▲ 完全擴展階段——麵糰表面光滑且有光澤,有良好的麵筋組織,富有彈性和延展性。拉開麵糰時,會形成透明的薄膜,破裂口處呈現平滑、無鋸齒狀。

基本發酵

1 在鋼盆內噴上些許烤盤油，或是上薄薄一層的奶油或沙拉油。

2 將麵糰放入鋼盆中，蓋上保鮮膜。

3 基本發酵約 60 分鐘至體積膨脹到兩倍大。

手指測試法

手指沾上少許高筋麵粉，輕輕戳入麵糰中，抽出手指，觀察麵糰凹洞的狀態。

▲ 發酵不足 —— 凹洞立刻回縮填補。

▲ 發酵完成 —— 凹洞大小無明顯變化，形狀維持不變。

▲ 發酵過度 —— 麵糰立刻塌陷無法回復。

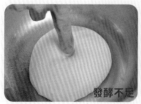

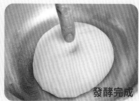

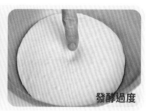

發酵不足　　　　發酵完成　　　　發酵過度

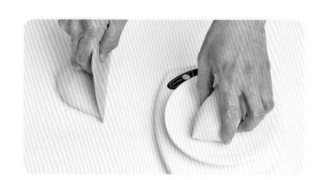

分割

取出基本發酵完成的麵糰，使用刮板分切後，放上電子秤，依所需的份量分割成數個麵糰。

滾圓

　　將分割好的數個麵糰，以手掌包覆住，在桌面上輕輕畫圓搓揉，使表面光滑。在滾圓麵糰的過程中，手掌底部要稍稍施力，感覺將麵糰邊緣往底部收攏。

> 　　麵糰基本發酵完成後，必須依所需要的份量分割，才不會因大小不一，影響了烘烤的時間。在分割之前，需秤出麵糰的總重量，再除以分割的個數。分割麵糰的動作必須迅速，最好依相同方向分割，才不會破壞形成的網狀結構。

中間發酵

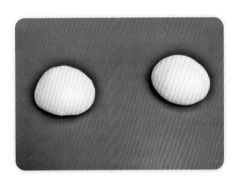

　　將分割、滾圓的麵糰放置烤盤上，蓋上發酵布或保鮮膜，中間發酵約 20 分鐘，再進行整型、包餡的動作。

> 　　麵糰在分割、滾圓之後，結構會變得比較緊密，因而不易整型，所以需要再經過短時間的鬆弛，等待麵糰恢復柔軟度。

整型

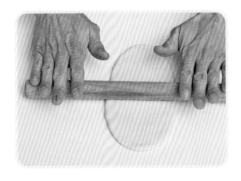

＊依照不同造型，操作方式會有所不同，但在擀開麵糰時，厚度必須一致，避免影響成品。

＊麵糰接合處要確實貼合捏緊，並且將收口朝下放置，烘烤時才不會裂開。

＊整型時，可以在桌面撒上一些手粉，防止麵糰沾黏，難以整型操作，通常會使用不容易結塊的高筋麵粉。手粉並不是愈多愈好，過多會讓麵糰變得乾燥，影響成品的口感。

最後發酵

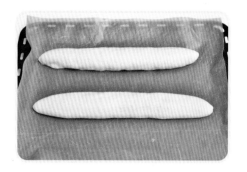

放置烤盤上，蓋上發酵布或保鮮膜，最後發酵 1 小時至體積膨脹到兩倍大。

> 麵糰在整型後，組織變得緊密，需要再次發酵使麵糰內重新充滿氣體，烘焙後的麵包才會較鬆軟。測試時，以手指沾粉，從麵糰側邊壓下去，會慢慢彈回來即完成。

烤前裝飾

用刀片在麵糰表面劃出紋路，或用剪刀剪出花紋，以及撒粉等方式來裝飾。

烘烤

烤焙除了透過溫度和時間來掌控之外，可以將麵包拿起來，看水分是否已完全蒸發而變輕。或是看看麵包底部外緣的顏色，太白表示還沒熟，太深表示則是過焦，呈現金黃色才是剛剛好。

起士核桃麵包

烤箱預熱

上火 210℃
下火 190℃

烤焙時間

20 分鐘

製作份量

110g／3 個

---- 材料 ----

麵糰

核桃 ·············· 30g

高筋麵粉 ········ 165g

酵母粉 ·········· 2g

細砂糖 ·········· 25g

鹽 ·············· 1g

水 ·············· 110g

無鹽奶油 ········ 10g

高熔點起士丁 ··· 30g

裝飾

高筋麵粉 ········ 適量

1 將核桃放入烤箱，
以上火 150℃、下火
150℃烘烤 10 分鐘。

A
攪拌

2 將高筋麵粉、酵母粉、
細砂糖、鹽、水倒入
攪拌缸，攪拌至擴展
階段。

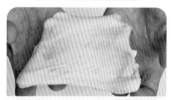

3 加入無鹽奶油，以慢速
攪拌至混合均勻，再以
中速攪拌至麵糰成光滑
狀，用手指撐開麵糰呈
薄膜狀。

4 加入高熔點起士丁、烘
烤好的核桃攪拌均勻。

B
基本發酵

C
分割

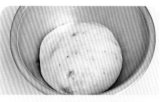

5 取一個鋼盆，噴上烤
盤油，將麵糰放入鋼
盆中，放置室溫，基
本發酵約 60 分鐘。

6 將麵糰分割成 3 份，
每份 110g。

7 雙手掌心弓起，包裹住
麵糰，在桌面上滾圓。

中間發酵

8 將麵糰放置室溫,中間發酵 20 分鐘。

整型

9 用擀麵棍將麵糰擀平,翻面。

10 拉起兩側麵糰呈尖角捏合。

11 再將剩餘一邊往內折,捏合成三角形。

12 翻面,折口朝下。

F

最後發酵

13 最後發酵 1 小時至麵糰膨脹兩倍大。

G

烘烤

14 表面均勻撒上些許的高筋麵粉裝飾。

15 用割紋刀,在三個角各劃一痕刀紋。

16 放入烤箱,以上火 210℃、下火190℃烘烤約20分鐘,取出放涼即可。

#01 歐式麵包

法式蔓越莓麵包

烤箱預熱
上火 210℃
下火 190℃

烤焙時間
20 分鐘

製作份量
110g ／ 2 個

材料

酒漬蔓越莓
蔓越莓乾 … 30g
蘭姆酒 …… 30g

麵糰
高筋麵粉 … 80g
全麥粉 …… 26g
酵母粉 …… 1g

細砂糖 …… 13g
鹽 ………… 1g
牛奶 ……… 73g
無鹽奶油 … 10g

裝飾
高筋麵粉 … 適量

1　將蔓越莓放入蘭姆酒中浸泡約 1 小時，完成「酒漬蔓越莓」。

2　將高筋麵粉、全麥粉、酵母粉、細砂糖、鹽、牛奶 倒入 攪拌缸，以慢速攪拌至捲起狀態。

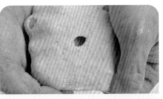

3　加入無鹽奶油，以慢速攪拌至混合均勻，再以中速攪拌至麵糰成光滑狀，用手指撐開麵糰呈薄膜狀。

4　加入酒漬蔓越莓攪拌均勻。

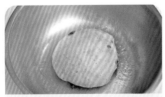

5　取一個鋼盆，噴上烤盤油，將麵糰放入鋼盆中，放置室溫，基本發酵約 60 分鐘。

6　用刮板將麵糰分割成 2 份，每份 110g。

7　雙手掌心弓起，包裹住麵糰，在桌面上滾圓。

D
中間發酵

E
整型

8 將麵糰放置室溫，中間發酵 20 分鐘。

9 用擀麵棍將麵糰由中間往外及往內擀開。

10 將麵糰翻面、橫放。

11 用指腹將麵糰由外往內折。

12 用手指按壓內邊。

13 再用指腹由外往內捲起。

F
最後發酵

14 麵糰收口朝下，以雙手掌心來回滾成短棍狀。

15 放置烤盤上，最後發酵 1 小時至麵糰膨脹兩倍大。

Point

先用手指按壓內邊，再捲起麵糰，能讓收口比較均勻平整。

G
烘烤

16 表面均勻撒上些許的高筋麵粉裝飾。

17 用割紋刀在麵糰表面劃上三刀斜紋。

18 放入烤箱，以上火 210℃、下火190℃烘烤約20分鐘，取出放涼即可。

紅酒桂圓麵包

烤箱預熱	烤焙時間	製作份量
上火 200℃ 下火 190℃	25 分鐘	95g ／ 3 個

材料

紅酒桂圓
桂圓 ……… 75g
紅酒 A …… 30g

麵糰
高筋麵粉 … 100g

全麥粉 …… 25g
酵母粉 …… 1.5g
細砂糖 …… 12g
鹽 ………… 2g
紅酒 B …… 85g

前置準備

1 將桂圓加入紅酒 A 中浸泡 1 小時，完成「紅酒桂圓」。

A 攪拌

2 將高筋麵粉、全麥粉、酵母粉、細砂糖、鹽、紅酒 B、水倒入攪拌缸，先以慢速攪拌至成糰，再以中速攪拌約 3 分鐘至捲起狀態。

3 加入紅酒桂圓攪拌均勻。

B 基本發酵

4 取一個鋼盆，噴上烤盤油，將麵糰放入鋼盆中，放置室溫，基本發酵約 60 分鐘。

分割

5 將麵糰分割成 3 份，每份 95g。

6 雙手掌心弓起，包裹住麵糰，在桌面上滾圓。

中間發酵

7 將麵糰放置室溫，中間發酵 20 分鐘。

整型

8 將麵糰往中心收口。

9 手掌心弓起，包裹住麵糰，在桌面上滾圓。

最後發酵

10 放置烤盤上，最後發酵 1 小時至麵糰膨脹兩倍大。

烘烤

11 麵糰表面放上花形撒粉模具，均勻撒上些許高筋麵粉裝飾。

12 放入烤箱，以上火 200℃、下火 190℃烘烤約 25 分鐘，取出放涼即可。

Point

沒有花形圖紋器具，可以利用硬紙板切割自己喜歡的圖案代替。

#01 歐式麵包

義大利巧巴達

烤箱預熱
上火 210℃
下火 170℃

烤焙時間
20 分鐘

製作份量
40g ／ 4 個

材料

麵糰
高筋麵粉 ··· 75g
全麥粉 ······ 15g
酵母粉 ······ 1g
鹽 ············ 0.5g
細砂糖 ······ 10g

牛奶 ········ 55g
橄欖油 ······ 5g

裝飾
高筋麵粉 ··· 適量

A 攪拌	B 基本發酵	C 分割

1 將高筋麵粉、全麥粉、酵母粉、鹽、細砂糖、牛奶、橄欖油倒入攪拌缸，攪拌至擴展階段。

2 取一個鋼盆，噴上烤盤油，將麵糰放入鋼盆中，放置室溫，基本發酵約 60 分鐘。

3 用擀麵棍將麵糰擀成厚度約 1 公分的扁圓形。

	D 最後發酵	E 烘烤

 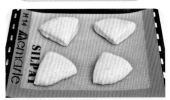 

4 再用刮板分切成 4 等份。

5 放置烤盤上，最後發酵 1 小時至麵糰膨脹兩倍大。

6 麵糰表面噴上少許的水。

7 表面均勻撒上些許的高筋麵粉裝飾。

8 放入烤箱，以上火 210℃、下火 170℃烘烤約 20 分鐘，取出放涼即可。

Point

口味變化：
將烤好的巧巴達麵包，塗抹上番茄醬，撒上起士絲，鋪上火腿片等個人喜歡的食材，再撒一些起士絲，放入烤箱，以上火 230℃、下火 100℃烘烤約 5～10 分鐘，就成了簡單的自製披薩。

#01 歐式麵包

佛卡夏

烤箱預熱

上火 230℃／下火 200℃

烤焙時間

17 分鐘

製作份量

75g／2 個

材料

麵糰

高筋麵粉 … 93g

酵母粉 …… 1g

蜂蜜 ……… 5g

鹽 ………… 1.5g

水 ………… 50g

橄欖油 ……… 15g

裝飾

橄欖油 ……… 適量

義大利香料 … 適量

A 攪拌

1 將高筋麵粉、酵母粉、蜂蜜、鹽、水、橄欖油倒入攪拌缸，先以慢速攪拌至成糰，再以中速攪拌約 3 分鐘至捲起狀態。

B 基本發酵

2 取一個鋼盆，噴上烤盤油，將麵糰放入鋼盆中，放置室溫，基本發酵約 60 分鐘。

C 分割

3 將麵糰分割成 2 份，每份 75g。

4 雙手掌心弓起，包裹住麵糰，在桌面上滾圓。

D 中間發酵

5 將麵糰放置室溫，中間發酵 15 分鐘。

—— E ——
整型

—— F ——
最後發酵

6 將麵糰用手掌輕輕拍壓成扁圓形。

7 放置烤盤上，最後發酵 30 分鐘。

—— G ——
烘烤

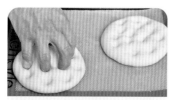

8 手指沾上手粉，輕壓麵糰表面，壓出凹痕。

9 表面刷上橄欖油。

10 均勻撒上義大利香料。

11 放入烤箱，以上火230℃、下火200℃烘烤17分鐘，取出放涼即可。

—— **Point** ——

表面材料可以依個人喜好調整，也可以加入德式香腸、黑橄欖、小番茄、帕瑪森起士粉、黑胡椒等做變化。

#01 歐式麵包

法式長棍麵包

烤箱預熱
上火 230℃
下火 200℃

烤焙時間
30 分鐘

製作份量
100g ／ 2 條

材料

麵糰	裝飾
高筋麵粉 ⋯ 125g	高筋麵粉 ⋯ 適量
酵母粉 ⋯⋯ 1.3g	
鹽 ⋯⋯⋯ 2g	
水 ⋯⋯⋯ 80g	

A 攪拌

1 將高筋麵粉、酵母粉、鹽、水倒入攪拌缸，先以慢速攪拌至成糰，再以中速攪拌約 3 分鐘至捲起狀態。

B 基本發酵

2 取一個鋼盆，噴上烤盤油，將麵糰放入鋼盆中，放置室溫，基本發酵約 60 分鐘。

C 分割

3 將麵糰分割成 2 份，每份 100g。

4 雙手掌心弓起，包裹住麵糰，在桌面上滾圓。

D 中間發酵

5 將麵糰放置室溫，中間發酵 20 分鐘。

6 用擀麵棍將麵糰擀開。

7 將麵糰翻面、橫放。

8 將麵糰由外向內折1／3。

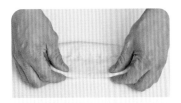

9 將麵糰轉180度。

10 再將麵糰由外向內折
1／3。

11 用手指將麵糰由外向
內捲起。

F
最後發酵

12 麵糰收口朝下，以雙手
掌心來回滾成長棍狀。

13 放置烤盤上，最後發
酵40分鐘。

G
烘烤

14 表面均勻撒上些許的
高筋麵粉裝飾。

15 用割紋刀在麵糰表面
劃上四刀斜紋。

16 放入烤箱，以上火
230℃、下火200℃烘
烤約30分鐘，取出放
涼即可。

義式番茄麵包

烤箱預熱

上火 200℃
下火 170℃

烤焙時間

20 分鐘

製作份量

100g ／ 2 個

材料

麵糰

高筋麵粉 ··· 110g
酵母粉 ······ 1.1g
鹽 ··········· 2g
蜂蜜 ········ 15g
全蛋 ········ 25g
番茄汁 ······ 23g

番茄醬 ······ 18g
橄欖油 ······ 8g
羅勒葉 ······ 1g

裝飾

橄欖油 ······ 適量

1 將高筋麵粉、酵母粉、鹽、蜂蜜、全蛋、番茄汁、番茄醬、橄欖油、羅勒葉倒入攪拌缸，先以慢速攪拌至成糰，再以中速攪拌約 3 分鐘至捲起狀態。

2 取一個鋼盆，噴上烤盤油，將麵糰放入鋼盆中，放置室溫，基本發酵約 60 分鐘。

3 將麵糰分割成 2 份，每份 100g。

4 雙手掌心弓起，包裹住麵糰，在桌面上滾圓。

5 將麵糰放置室溫，中間發酵 20 分鐘。

6 以手掌輕拍麵糰排氣。

7 用擀麵棍將麵糰擀開成橢圓狀。

8 放置烤盤上，最後發酵30分鐘。

G
烘烤

9 用割紋刀在麵糰中間割開一刀，沿著中線兩邊也各劃兩刀。

10 將割痕稍微拉開呈葉子狀。

11 麵糰表面刷上橄欖油。

12 放入烤箱，以上火 200℃、下火 170℃烘烤約 20 鐘，取出放涼即可。

Point 麵糰整形時厚薄度要擀成一致，成品的外觀才會比較漂亮。

義式水果麵包

烤箱預熱

上火 200℃
下火 190℃

烤焙時間

28 分鐘

製作份量

160g ／ 3 個

使用工具

SN6204
八角星型模

材料

義式水果		麵糰		裝飾	
葡萄乾 …… 33g		高筋麵粉 … 186g		無鹽奶油 … 適量	
蔓越莓 …… 33g		酵母粉 …… 1.7g		糖粉 ……… 適量	
桔子丁 …… 33g		細砂糖 …… 33g			
柚子丁 …… 33g		水 ……… 100g			
蘭姆酒 …… 67g		全蛋 ……… 30g			
		無鹽奶油 … 20g			

前置準備

A 攪拌

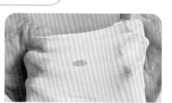

1 將葡萄乾、蔓越莓、桔子丁、柚子丁放入蘭姆酒中浸泡 1 小時備用。

2 將高筋麵粉、酵母粉、細砂糖、水、全蛋倒入攪拌缸，先以慢速攪拌至成糰，再以中速攪拌約3分鐘至捲起狀態。

3 加入無鹽奶油，以慢速攪拌至混合均勻，再以中速攪拌至麵糰成光滑狀，用手指撐開麵糰呈薄膜狀。

B 基本發酵

4 加入酒漬完成的葡萄乾、蔓越莓、桔子丁、柚子丁，攪拌均勻。

5 取一個鋼盆，噴上烤盤油，將麵糰放入鋼盆中，放置室溫，基本發酵約60 分鐘。

6 將麵糰分割成 3 份，每份 240g。

7 雙手掌心弓起，包裹住麵糰，在桌面上滾圓。

8 將麵糰放入烤模中，最後發酵1小時至麵糰膨脹兩倍大。

9 放入烤箱，以上火200℃、下火190℃烘烤約28鐘。

Point

此款麵包會隨時間熟成，烘烤好後，放置室溫陰涼處可以保存 5 ～ 7 天，分切後則最好在 3 天內食用完。

10 取出後，立刻脫模，放置涼架上。

11 趁熱在麵包表面刷上無鹽奶油。

12 均勻撒上糖粉，放涼即可。

#01 歐式麵包

黑糖葡萄乾麵包

烤箱預熱

上火 200℃ ／ 下火 190℃

烤焙時間

23 分鐘

製作份量

110g ／ 3 個

材料

酒漬葡萄乾

葡萄乾 ⋯⋯ 120g

蘭姆酒 ⋯⋯ 50g

麵糰

高筋麵粉⋯ 125g

酵母粉 ⋯⋯ 1.3g

鹽 ⋯⋯⋯⋯ 1.5g

黑糖 ⋯⋯⋯ 30g

水 ⋯⋯⋯⋯ 75g

無鹽奶油 ⋯ 15g

裝飾

高筋麵粉 ⋯ 適量

1 將葡萄乾放入蘭姆酒中浸泡 1 小時,完成「酒漬葡萄乾」。

A
攪拌

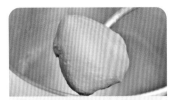

2 將高筋麵粉、酵母粉、鹽、黑糖、水倒入攪拌缸,先以慢速攪拌至成糰,再以中速攪拌約3分鐘至捲起狀態。

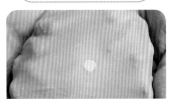

3 加入無鹽奶油,以慢速攪拌至混合均勻,再以中速攪拌至麵糰成光滑狀,用手指撐開麵糰呈薄膜狀。

4 加入酒漬葡萄乾攪拌均勻。

B
基本發酵

C
分割

5 取一個鋼盆,噴上烤盤油,將麵糰放入鋼盆中,放置室溫,基本發酵約60分鐘。

6 將麵糰分割成 3 份,每份 110g。

7 雙手掌心弓起,包裹住麵糰,在桌面上滾圓。

D

中間發酵

> **P**oint　在滾圓麵糰的過程中，手掌底部要稍稍施力，感覺將麵糰邊緣往底部收攏。

8 將麵糰放置室溫，中間發酵 20 分鐘。

E

整型

9 以手掌輕拍麵糰排氣。

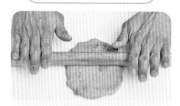

10 用擀麵棍擀開麵糰。

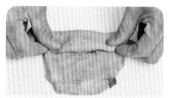

11 將麵糰由內往外折起 1／3。

12 再將麵糰由外往內折起1／3。

13 用手指捏合接縫處。

14 將麵糰翻面，用手指輕推四邊成長方形。

F

最後發酵

G

烘烤

15 放置烤盤上，最後發酵至麵糰膨脹兩倍大。

16 將抹刀放在麵糰上，均勻撒上高筋麵粉，再拿起抹刀。

17 放入烤箱，以上火 200℃、下火 190℃烘烤約 23 分鐘，取出放涼即可。

無花果全麥麵包

烤箱預熱

上火 210℃
下火 170℃

烤焙時間

20 分鐘

製作份量

125g ／ 3 個

材料

酒漬無花果

無花果	150g
紅酒	140g
細砂糖	110g

麵糰

核桃	100g

高筋麵粉	100g
全麥粉	25g
酵母粉	2g
細砂糖	10g
鹽	1g
水	85g
無鹽奶油	10g

前置準備

1 將無花果切碎，加入紅酒、細砂糖浸泡約 1 小時，完成「酒漬無花果」。

2 將核桃放入烤箱，以上火150℃、下火150℃烘烤約10分鐘。

A 攪拌

3 將高筋麵粉、全麥粉、酵母粉、細砂糖、鹽、水倒入攪拌缸，先以慢速攪拌至成糰，再以中速攪拌約 3 分鐘至捲起狀態。

4 加入無鹽奶油，以慢速攪拌至混合均勻，再以中速攪拌至麵糰成光滑狀，用手指撐開麵糰呈薄膜狀。

5 加入酒漬無花果、烘烤好的核桃攪拌均勻。

6 取一個鋼盆，噴上烤盤油，將麵糰放入鋼盆中，放置室溫，基本發酵約 60 分鐘。

7 用刮板將麵糰分割成 3 份，每份 125g。

8 雙手掌心弓起，包裹住麵糰，在桌面上滾圓。

9 將麵糰放置室溫，中間發酵 20 分鐘。

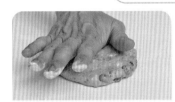

10 以手掌輕輕拍平麵糰。

11 用拇指與食指將麵糰往內捏緊收口。

12 放置烤盤上，最後發酵至麵糰膨脹兩倍大。

13 用割紋刀在麵糰表面劃上十字刀紋。

14 放入烤箱，以上火 210℃、下火170℃烘烤約20分鐘，取出放涼即可。

Point

發酵完成的麵糰很脆弱，劃刀必須輕且快，深度約在 0.5 公分左右，一口氣迅速劃開，切忌劃得太深，可能造成麵糰扁塌。

#02 五穀雜糧麵包

鄉村
裸麥堅果麵包

烤箱預熱

上火 210℃ ／ 下火 170℃

烤焙時間

20 分鐘

製作份量

90g ／ 3 個

---- **材料** ----

麵糰

杏仁果 ………… 20g	
南瓜子 ………… 20g	
高筋麵粉 ……… 130g	
裸麥粉 ………… 30g	
酵母粉 ………… 2g	

細砂糖 ………… 10g	
水 …………… 110g	
無鹽奶油 ……… 10g	

裝飾

裸麥粉 ………… 適量

1 將杏仁果、南瓜子放入烤箱，以上火150℃、下火150℃烘烤約10分鐘，取出放涼。

A
攪拌

B
基本發酵

2 將高筋麵粉、裸麥粉、酵母粉、細砂糖、水倒入攪拌缸，先以慢速攪拌至成糰，再以中速攪拌約3分鐘至捲起狀態。

3 加入無鹽奶油，以慢速攪拌至混合均勻，再以中速攪拌至麵糰成光滑狀，用手指撐開麵糰呈薄膜狀。

4 取一個鋼盆，噴上烤盤油，將麵糰放入鋼盆中，放置室溫，基本發酵約60分鐘。

C
分割

D
中間發酵

5 將麵糰分割成3份，每份90g。

6 雙手掌心弓起，包裹住麵糰，在桌面上滾圓。

7 將麵糰放置室溫，中間發酵20分鐘。

E
整型

8 用擀麵棍將麵糰往前後擀開。

9 均勻鋪上杏仁果、南瓜子。

10 將麵糰由外往內捲起。

11 用手指指腹壓緊麵糰的收口處。

12 麵糰收口朝下，以雙手掌心來回滾成短棍狀。

F
最後發酵

13 放置烤盤上，最後發酵1小時至麵糰膨脹兩倍大。

G
烘烤

14 麵糰表面均勻撒上些許裸麥粉裝飾。

15 用割紋刀在麵糰表面劃兩刀斜痕。

16 放入烤箱，以上火210℃、下火170℃烘烤約20分鐘，取出放涼即可。

黑糖綜合果仁麵包

烤箱預熱

上火 210℃
下火 170℃

烤焙時間

20 分鐘

製作份量

95g／3 個

材料

麵糰

南瓜子 ⋯⋯ 15g
核桃 ⋯⋯⋯ 15g
高筋麵粉⋯ 165g
酵母粉 ⋯⋯ 2g
黑糖粉 ⋯⋯ 20g
鹽 ⋯⋯⋯⋯ 1g

水 ⋯⋯⋯⋯ 110g
無鹽奶油 ⋯ 20g
蔓越莓乾 ⋯ 15g

裝飾

杏仁角 ⋯⋯ 適量

前置準備

1 將南瓜子、核桃放入烤箱，以上火150℃、下火150℃烘烤約10分鐘，取出放涼。

A
攪拌

2 將高筋麵粉、酵母粉、黑糖粉、鹽、水倒入攪拌缸，先以慢速攪拌至成糰，再以中速攪拌約3分鐘至捲起狀態。

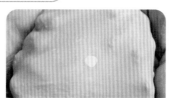

3 加入無鹽奶油，以慢速攪拌至混合均勻，再以中速攪拌至麵糰成光滑狀，用手指撐開麵糰呈薄膜狀。

B
基本發酵

4 取一個鋼盆，噴上烤盤油，將麵糰放入鋼盆中，放置室溫，基本發酵約60分鐘。

C
分割

5 將麵糰分割成3份，每份95g。

6 雙手掌心弓起，包裹住麵糰，在桌面上滾圓。

D
中間發酵

7 將麵糰放置室溫，中間發酵20分鐘。

8 用擀麵棍將麵糰往前後擀開。

9 均勻鋪上蔓越莓乾、南瓜子、核桃。

10 將麵糰由外往內捲起。

11 用手指指腹壓緊麵糰的收口處。

12 麵糰收口朝下,以雙手掌心來回滾成短棍狀。

13 放置烤盤上,最後發酵1小時至麵糰膨脹兩倍大。

14 麵糰表面撒上杏仁角。

15 用割紋刀在麵糰表面劃兩刀斜紋。

16 放入烤箱,以上火210℃、下火170℃烘烤約20分鐘,取出放涼即可。

 #02 五穀雜糧麵包

胚芽葡萄乾麵包

烤箱預熱
上火 210℃
下火 170℃

烤焙時間
20 分鐘

製作份量
90g ／ 3 個

175

材料

麵糰

胚芽粉 …… 20g
高筋麵粉 … 145g
酵母粉 …… 2g
細砂糖 …… 15g
鹽 ………… 1g

水 ………… 110g
無鹽奶油 … 10g
葡萄乾 …… 35g

裝飾

杏仁片 …… 適量

1 將胚芽粉放入烤箱，以上火 150℃、下火 150℃烘烤約 10 分鐘，烤至金黃色。

A 攪拌

2 將烤好的胚芽粉、高筋麵粉、酵母粉、細砂糖、鹽、水倒入攪拌缸，先以慢速攪拌至成糰，再以中速攪拌約 3 分鐘至捲起狀態。

3 加入無鹽奶油，以慢速攪拌至混合均勻，再以中速攪拌至麵糰成光滑狀，用手指撐開麵糰呈薄膜狀。

B 基本發酵

4 取一個鋼盆，噴上烤盤油，將麵糰放入鋼盆中，放置室溫，基本發酵約 60 分鐘。

C 分割

5 將麵糰分割成 3 份，每份 90g。

6 雙手掌心弓起，包裹住麵糰，在桌面上滾圓。

D 中間發酵

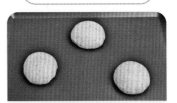

7 將麵糰放置室溫，中間發酵 20 分鐘。

E 整型

8 用擀麵棍將麵糰往前後擀開。

9 均勻鋪上葡萄乾。

10 將麵糰由外往內捲起。

F 最後發酵

11 用手指指腹壓緊麵糰的收口處。

12 麵糰收口朝下,以雙手掌心來回滾成橄欖狀。

13 放置烤盤上,最後發酵1小時至麵糰膨脹兩倍大。

 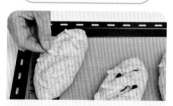 

G 烘烤

14 用割紋刀在麵糰表面劃兩刀斜痕。

15 麵糰表面撒上杏仁片。

16 放入烤箱,以上火210℃、下火170℃烘烤約20分鐘,取出放涼即可。

雜糧南瓜子麵包

烤箱預熱

上火 210℃
下火 170℃

烤焙時間

20 分鐘

製作份量

100g ／ 3 個

材料

麵糰

高筋麵粉	130g
雜糧粉	35g
酵母粉	2g
細砂糖	10g
鹽	1g
牛奶	110g
蜂蜜	10g
無鹽奶油	10g

裝飾

南瓜子	30g

A 攪拌

1 將高筋麵粉、雜糧粉、酵母粉、細砂糖、鹽、牛奶、蜂蜜，先以慢速攪拌至成糰，再以中速攪拌約 3 分鐘至捲起狀態。

2 加入無鹽奶油，以慢速攪拌至混合均勻，再以中速攪拌至麵糰成光滑狀，用手指撐開麵糰呈薄膜狀。

B 基本發酵

3 取一個鋼盆，噴上烤盤油，將麵糰放入鋼盆中，放置室溫，基本發酵約 60 分鐘。

C 分割

4 將麵糰分割成 3 份，每份 100g。

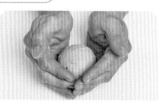

5 雙手掌心弓起，包裹住麵糰，在桌面上滾圓。

D 中間發酵

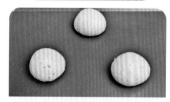

6 將麵糰放置室溫，中間發酵 20 分鐘。

7 用擀麵棍將麵糰往前後擀開。

8 將麵糰由外往內捲起。

9 用手指指腹壓緊麵糰的收口處。

10 麵糰收口朝下，以雙手掌心來回滾成短棍狀。

11 麵糰噴上少許的水。

12 沾裹上南瓜子。

F

最後發酵

G

烘烤

13 放置烤盤上，最後發酵1小時至麵糰膨脹兩倍大。

14 用割紋刀在麵糰表面中間劃一刀。

15 放入烤箱，以上火210℃、下火170℃烘烤約20分鐘，取出放涼即可。

#02 五穀雜糧麵包

鄉村核桃麵包

烤箱預熱

上火 210℃
下火 180℃

烤焙時間

21 分鐘

製作份量

125g ／ 2 個

材料

麵糰

核桃 ········· 50g
高筋麵粉 ··· 90g
裸麥粉 ······ 40g
酵母粉 ······ 1.5g
鹽 ··········· 2g

楓糖漿 ······ 8g
水 ··········· 85g

裝飾

裸麥粉 ······ 適量

1 將核桃放入烤箱，以上火150℃、下火150℃烘烤約15分鐘，放涼備用。

A
攪拌

B
基本發酵

2 將高筋麵粉、裸麥粉、酵母粉、鹽、楓糖漿、水倒入攪拌缸，先以慢速攪拌至成糰，再以中速攪拌約 3 分鐘至擴展狀態。

3 加入烤好的核桃攪拌均勻。

4 取一個鋼盆，噴上烤盤油，將麵糰放入鋼盆中，放置室溫，基本發酵約 60 分鐘。

C
分割

D
中間發酵

5 將麵糰分割成 3 份，每份 100g。

6 雙手掌心弓起，包裹住麵糰，在桌面上滾圓。

7 將麵糰放置室溫，中間發酵 20 分鐘。

8 用擀麵棍將麵糰往前後擀開。

9 將麵糰翻面，用手指按壓內邊。

10 將麵糰由外往內捲起。

11 用手指指腹壓緊麵糰的收口處。

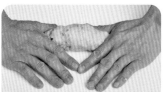

12 麵糰收口朝下，以雙手掌心來回滾成橄欖狀。

13 放置烤盤上，最後發酵1小時至麵糰膨脹兩倍大。

14 麵糰表面均勻撒上些許裸麥粉裝飾。

15 用割紋刀在麵糰中間割開一刀，沿著中線兩邊也各劃兩刀。

16 放入烤箱，以上火210℃、下火180℃烘烤約21鐘，取出放涼即可。

#02 五穀雜糧麵包

黑芝麻麵包

烤箱預熱

上火 200℃
下火 180℃

烤焙時間

23 分鐘

製作份量

110g／3 個

材料

麵糰

黑芝麻粉	23g	黑糖	20g
黑芝麻	7g	鹽	3g
高筋麵粉	167g	橄欖油	17g
酵母粉	1.7g		
全蛋	30g	**裝飾**	
牛奶	70g	高筋麵粉	適量

前置準備

1 將黑芝麻粉、黑芝麻放入烤箱，以上火150℃、下火150℃烘烤約10分鐘，放涼備用。

A ── 攪拌

2 將烘烤好的黑芝麻粉、黑芝麻、高筋麵粉、酵母粉、全蛋、牛奶、黑糖、鹽、橄欖油倒入攪拌缸，先以慢速攪拌至成糰，再以中速攪拌約 3 分鐘至捲起狀態。

B ── 基本發酵

3 取一個鋼盆，噴上烤盤油，將麵糰放入鋼盆中，放置室溫，基本發酵約 60 分鐘。

C ── 分割

4 將麵糰分割成 3 份，每份 110g。

5 雙手掌心弓起，包裹住麵糰，在桌面上滾圓。

D ── 中間發酵

6 將麵糰放置室溫，中間發酵 20 分鐘。

7 以手掌拍平麵糰。

8 將麵糰放置掌心，用另一手指捏合。

9 將麵糰收口捏緊。

F 最後發酵

G 烘烤

10 放置烤盤上，最後發酵1小時至麵糰膨脹兩倍大。

11 麵糰表面撒上高筋麵粉。

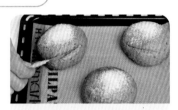

12 以割紋刀在麵糰表面兩側各劃一刀。

13 放入烤箱，以上火200℃、下火180℃烘烤約23鐘，取出放涼即可。

鄉村抹茶麵包

烤箱預熱

上火 190℃ ／ 下火 180℃

烤焙時間

28 分鐘

製作份量

140g ／ 2 個

材料

麵糰

高筋麵粉 ⋯ 113g

裸麥粉 ⋯⋯ 33g

酵母粉 ⋯⋯ 1.7g

抹茶粉 ⋯⋯ 5g

鹽 ⋯⋯⋯⋯ 3g

水 ⋯⋯⋯⋯ 107g

蜂蜜 ⋯⋯⋯ 13g

內餡

蜜紅豆粒 ⋯ 60g

裝飾

牛奶 ⋯⋯⋯ 適量

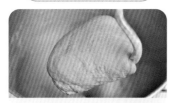

1 將高筋麵粉、裸麥粉、酵母粉、抹茶粉、鹽、水、蜂蜜倒入攪拌缸，先以慢速攪拌至成糰，再以中速攪拌約 3 分鐘至捲起狀態。

2 取一個鋼盆，噴上烤盤油，將麵糰放入鋼盆中，放置室溫，基本發酵約 60 分鐘。

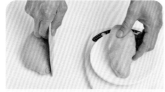

3 將麵糰分割成 120g 及 20g，各 2 份。

4 將麵糰各自滾圓。

5 將麵糰放置室溫，中間發酵 20 分鐘。

6 用擀麵棍將120g麵糰往前後擀開。

7 將麵糰翻面，用手指按壓內邊。

8 鋪上蜜紅豆粒。

9 由外往內捲起。

10 麵糰收口朝下，以雙手掌心來回滾成橄欖狀。

11 用擀麵棍將20g麵糰往前後擀開。

12 將麵糰翻面、橫放。

13 由外往內捲起。

14 再將麵糰滾成長條狀。

F
最後發酵

15 120g麵糰噴上少許的水。

16 將20g麵糰放在120g麵糰上。

17 放置烤盤上，最後發酵1小時至麵糰膨脹兩倍大。

G
烘烤

18 用剪刀從長條麵糰斜邊剪開，並左右輪流拉開。

19 麵糰表面刷上牛奶。

20 放入烤箱，以上火190℃、下火180℃烘烤約28分鐘，取出放涼即可。

#03 點心麵包

紅豆麵包

烤箱預熱

上火 200℃
下火 180℃

烤焙時間

20 分鐘

製作份量

90g／5 個

材料

紅豆內餡

紅豆 ……… 130g
細砂糖 …… 15g
牛奶 ……… 10g
無鹽奶油 … 20g

麵糰

高筋麵粉 … 130g
低筋麵粉 … 30g
酵母粉 …… 2g
細砂糖 …… 30g
鹽 ………… 1g
牛奶 ……… 50g
全蛋 ……… 50g
無鹽奶油 … 30g

裝飾

全蛋液 …… 適量
黑芝麻 …… 適量

前置準備

1 紅豆泡水 30 分鐘。

2 將紅豆放入電鍋,外鍋
加2杯水,蒸煮至熟。

3 加入細砂糖、牛奶、
無鹽奶油拌勻,完成
「紅豆內餡」。

A 攪拌

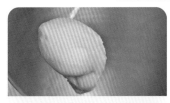

4 將高筋麵粉、低筋麵
粉、酵母粉、細砂糖、
鹽、牛奶、全蛋倒入
攪拌缸,先以慢速攪
拌至成糰,再以中速
攪拌約 3 分鐘至捲起
狀態。

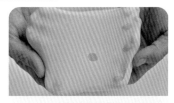

5 加入無鹽奶油,以慢
速攪拌至混合均勻,
再以中速攪拌至麵糰
成光滑狀,用手指撐
開麵糰呈薄膜狀。

B 基本發酵

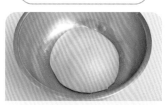

6 取一個鋼盆,噴上烤盤
油,將麵糰放入鋼盆
中,放置室溫,基本發
酵約60 分鐘。

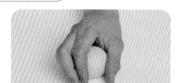

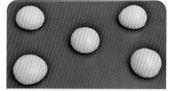

7 用刮板將麵糰分割成 5 份，每份 60g。

8 用掌心將麵糰滾圓。

9 將麵糰放置室溫，中間發酵20分鐘。

E ─ 整型

10 以手掌輕輕拍平麵糰。

11 用抹刀填入紅豆餡 30g。

12 用拇指與食指將麵糰捏合。

F ─ 最後發酵

13 再將麵糰往內收口。

14 放置烤盤上，最後發酵1小時至麵糰膨脹兩倍大。

G ─ 烘烤

15 麵糰表面刷上全蛋液。

16 擀麵棍沾水，再沾上黑芝麻，並將黑芝麻壓印在麵團上。

17 放入烤箱，以上火 200℃、下火180℃烘烤約20鐘，取出放涼即可。

#03 點心麵包

芋泥麵包

烤箱預熱

上火 200℃ ／ 下火 180℃

烤焙時間

20 分鐘

製作份量

90g ／ 5 個

───── **材料** ─────

芋泥餡

芋頭 ········· 140g

細砂糖 ······ 10g

無鹽奶油 ··· 20g

細砂糖 ······ 30g

鹽 ··········· 1g

牛奶 ········· 50g

全蛋 ········· 50g

無鹽奶油 ··· 30g

麵糰

高筋麵粉 ··· 130g

低筋麵粉 ··· 30g

酵母粉 ······ 2g

裝飾

全蛋液 ······ 適量

杏仁片 ······ 適量

1 將芋頭切塊，放入電鍋，外鍋加入 1 杯水蒸熟。

2 將芋頭搗成泥，加入細砂糖、無鹽奶油拌勻，完成「芋泥餡」。

A
攪拌

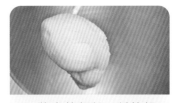

3 將高筋麵粉、低筋麵粉、酵母粉、細砂糖、鹽、牛奶、全蛋倒入攪拌缸，先以慢速攪拌至成糰，再以中速攪拌約 3 分鐘至捲起狀態。

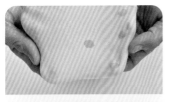

4 加入無鹽奶油，以慢速攪拌至混合均勻，再以中速攪拌至麵糰成光滑狀，用手指撐開麵糰呈薄膜狀。

B
基本發酵

5 取一個鋼盆，噴上烤盤油，將麵糰放入鋼盆中，放置室溫，基本發酵約 60 分鐘。

C
分割

6 將麵糰分割成 5 份，每份 60g。

7 用掌心在桌面上將麵糰滾圓。

D
中間發酵

8 將麵糰放置室溫，中間發酵 20 分鐘。

E
整型

9 以手掌輕拍麵糰排氣。

10 用抹刀填入芋泥餡 30g。

11 用拇指與食指將麵糰 捏合。

12 再將麵糰往內收口。

13 用手掌將麵糰稍微壓 扁。

14 用剪刀等距剪開麵糰， 共剪6刀。

F
最後發酵

15 放置烤盤上，最後發 酵1小時至麵糰膨脹兩 倍大。以手掌輕拍麵 糰排氣。

G
烘烤

16 麵糰刷上全蛋液。

17 麵糰表面中間放上杏仁 片。

18 放入烤箱，以上火 200℃、下火180℃烘 烤約20鐘，取出放涼 即可。

#03 點心麵包

栗子麵包

烤箱預熱

上火 200℃ ／ 下火 180℃

烤焙時間

20 分鐘

製作份量

90g ／ 5 個

---- 材 料 ----

粟子餡

栗子 ········ 130g

細砂糖 ······ 10g

無鹽奶油 ··· 20g

麵糰

高筋麵粉 ··· 130g

低筋麵粉 ··· 30g

酵母粉 ······ 2g

細砂糖 ······ 30g

鹽 ············ 1g

牛奶 ········ 50g

全蛋 ········ 50g

無鹽奶油 ··· 30g

裝飾

全蛋液 ······ 適量

栗子 ········ 3 粒

1 將栗子放入電鍋，外鍋倒入 1 杯水蒸熟。

2 加入細砂糖、無鹽奶油，使用電動攪拌機拌勻，完成「栗子餡」。

A
攪拌

B
基本發酵

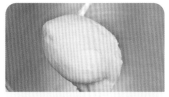

3 將高筋麵粉、低筋麵粉、酵母粉、細砂糖、鹽、牛奶、全蛋倒入攪拌缸，先以慢速攪拌至成糰，再以中速攪拌約 3 分鐘至捲起狀態。

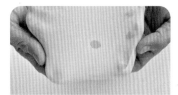

4 加入無鹽奶油，以慢速攪拌至混合均勻，再以中速攪拌至麵糰成光滑狀，用手指撐開麵糰呈薄膜狀。

5 取一個鋼盆，噴上烤盤油，將麵糰放入鋼盆中，放置室溫，基本發酵約 60 分鐘。

C
分割

D
中間發酵

6 將麵糰分割成 5 份，每份 60g。

7 用掌心在桌面上將麵糰滾圓。

8 將麵糰放置室溫，中間發酵 20 分鐘。

9 以手掌輕拍麵糰排氣。

10 用抹刀填入栗子餡30g。

11 用拇指與食指將麵糰捏合。

12 再將麵糰往內收口。

13 放置烤盤上,最後發酵1小時至麵糰膨脹兩倍大。

14 麵糰刷上全蛋液。

15 再放上半顆栗子。

16 放入烤箱,以上火200℃、下火180℃烘烤約20鐘,取出放涼即可。

卡士達麵包

烤箱預熱

上火 200℃
下火 180℃

烤焙時間

20 分鐘

製作份量

90g／5 個

材料

卡士達餡

低筋麵粉	… 10g
玉米粉	…… 10g
細砂糖	…… 15g
蛋黃	……… 40g
牛奶	……… 100g
無鹽奶油	… 10g

低筋麵粉	… 30g
酵母粉	…… 2g
細砂糖	…… 30g
鹽	………… 1g
牛奶	……… 50g
全蛋	……… 50g
無鹽奶油	… 30g

麵糰

高筋麵粉 … 130g

裝飾

全蛋液 …… 適量

1 先將低筋麵粉、玉米粉、細砂糖倒入鋼盆拌勻,再加入蛋黃攪拌均勻備用。

2 將牛奶煮滾,沖入做法1拌勻。

3 放入隔水加熱至濃稠。

4 離火,加入無鹽奶拌勻,完成「卡士達餡」。

5 表面封上保鮮膜,放入冰箱冷藏備用。

Point

切記,請不要放入冰箱冷凍,會使得雞蛋的結構被破壞,造成水跟蛋分離。

A

攪拌

B

基本發酵

6 將高筋麵粉、低筋麵粉、酵母粉、細砂糖、鹽、牛奶、全蛋倒入攪拌缸,先以慢速攪拌至成糰,再以中速攪拌約3分鐘至捲起狀態。

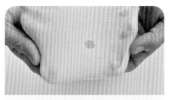

7 加入無鹽奶油,以慢速攪拌至混合均勻,再以中速攪拌至麵糰成光滑狀,用手指撐開麵糰呈薄膜狀。

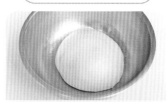

8 取一個鋼盆,噴上烤盤油,將麵糰放入鋼盆中,放置室溫,基本發酵約60分鐘。

— C —
分割

— D —
中間發酵

9 將麵糰分割成 5 份，每份 60g。

10 用掌心在桌面上將麵糰滾圓。

11 將麵糰放置室溫，中間發酵 20 分鐘。

— E —
整型

12 以手掌輕拍麵糰排氣。

13 用抹刀填入卡士達餡 30g。

14 用拇指與食指將麵糰捏合。

— F —
最後發酵

15 再將麵糰往內收口。

16 放置烤盤上，最後發酵1小時至麵糰膨脹兩倍大。

— G —
烘烤

17 麵糰刷上全蛋液。

18 將卡士達餡裝入擠花袋，以螺旋的方式擠在麵糰上。

19 放入烤箱，以上火200℃、下火180℃烘烤約20鐘，取出放涼即可。

#03 點心麵包

茶香蘋果麵包

烤箱預熱

上火 200℃

下火 180℃

烤焙時間

20 分鐘

製作份量

90g ／ 5 個

202

材料

紅茶蘋果餡

細砂糖 …… 10g
無鹽奶油 … 20g
紅茶粉 …… 1g
蘋果丁 …… 130g

麵糰

高筋麵粉 … 130g
低筋麵粉 … 30g
酵母粉 …… 2g
細砂糖 …… 30g
鹽 ………… 1g
水 ………… 50g
全蛋 ……… 50g
無鹽奶油 … 30g

裝飾

全蛋液 …… 適量
蘋果 ……… 1/4 個
細砂糖 …… 適量

前置準備

1 將細砂糖、無鹽奶油加入平底鍋，用刮刀拌勻，加熱至焦黃色。

2 加入紅茶粉、蘋果丁拌勻，完成「紅茶蘋果餡」。

A 攪拌

3 將高筋麵粉、低筋麵粉、酵母粉、細砂糖、鹽、水、全蛋倒入攪拌缸，先以慢速攪拌至成糰，再以中速攪拌約 3 分鐘至捲起狀態。

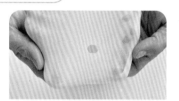

4 加入無鹽奶油，以慢速攪拌至混合均勻，再以中速攪拌至麵糰成光滑狀，用手指撐開麵糰呈薄膜狀。

B 基本發酵

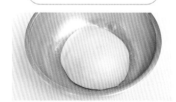

5 取一個鋼盆，噴上烤盤油，將麵糰放入鋼盆中，放置室溫，基本發酵約 60 分鐘。

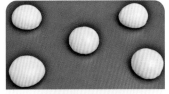

6 將麵糰分割成 5 份，每份 60g。

7 用掌心在桌面上將麵糰滾圓。

8 將麵糰放置室溫，中間發酵 20 分鐘。

9 以手掌輕拍麵糰排氣。

10 用抹刀填入紅茶蘋果餡30g。

11 用拇指與食指將麵糰捏合。

12 再將麵糰往內收口。

13 放置烤盤上，最後發酵1小時至麵糰膨脹兩倍大。

14 麵糰表面刷上全蛋液。

15 放上蘋果切片裝飾。

16 撒上適量的細砂糖。

17 放入烤箱，以上火200℃、下火180℃烘烤約20鐘，取出放涼即可。

#03 點心麵包

奶油捲麵包

烤箱預熱
上火 190℃
下火 180℃

烤焙時間
15 分鐘

製作份量
50g ／ 4 個

材料

麵糰
高筋麵粉 … 100g
酵母粉 …… 1g
細砂糖 …… 15g
鹽 ………… 1.5g
全蛋 ……… 25g
牛奶 ……… 50g
無鹽奶油 … 22g

內餡
有鹽奶油 … 20g

裝飾
無鹽奶油 … 適量

A 攪拌

1 將高筋麵粉、酵母粉、細砂糖、鹽、全蛋、牛奶倒入攪拌缸，先以慢速攪拌至成糰，再以中速攪拌約 3 分鐘至捲起狀態。

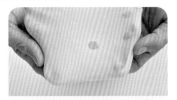

2 加入無鹽奶油，以慢速攪拌至混合均勻，再以中速攪拌至麵糰成光滑狀，用手指撐開麵糰呈薄膜狀。

B 基本發酵

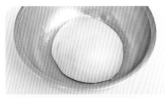

3 取一個鋼盆，噴上烤盤油，將麵糰放入鋼盆中，放置室溫，基本發酵約 60 分鐘。

C 分割

4 將麵糰分割成4份，每份50g。

5 用手掌虎口將麵糰在桌面上滾成圓錐狀。

6 再將麵糰滾長。

D — 中間發酵

E — 整型

7 將麵糰放置室溫，中間發酵 20 分鐘。

8 用擀麵棍將麵糰平、拉長。

9 在寬邊放上有鹽奶油 5g。

F — 最後發酵

10 用麵糰將有鹽奶油捲起。

11 麵糰從寬邊捲起至窄邊。

12 放置烤盤上，最後發酵1小時至麵糰膨脹兩倍大。

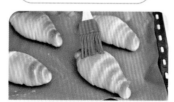

G — 烘烤

H — 裝飾

13 放入烤箱，以上火 190℃、下火180℃烘烤約15鐘。

14 取出趁熱刷上無鹽奶油即可。

#03 點心麵包

牛奶餐包

烤箱預熱

上火 200℃
下火 190℃

烤焙時間

20 分鐘

製作份量

100g／4 個

材料

麵糰

高筋麵粉 … 200g
酵母粉 …… 2g
細砂糖 …… 33g
鹽 ………… 4g
奶粉 ……… 13g
牛奶 ……… 135g

無鹽奶油 … 30g

內餡

有鹽奶油 … 20g

裝飾

牛奶 ……… 適量

A
攪拌

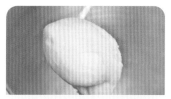

1 將高筋麵粉、酵母粉、細砂糖、鹽、奶粉、牛奶倒入攪拌缸，先以慢速攪拌至成糰，再以中速攪拌約 3 分鐘至捲起狀態。

2 加入無鹽奶油，以慢速攪拌至混合均勻，再以中速攪拌至麵糰成光滑狀，用手指撐開麵糰呈薄膜狀。

B
基本發酵

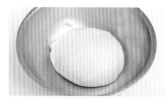

3 取一個鋼盆，噴上烤盤油，將麵糰放入鋼盆中，放置室溫，基本發酵約 60 分鐘。

C
分割

4 將麵糰分割成 4 份，每份 100g。

5 用掌心在桌面上將麵糰滾圓。

D
中間發酵

6 將麵糰放置室溫，中間發酵 20 分鐘。

7 以手掌輕拍麵糰排氣。

8 用抹刀填入有鹽奶油5g。

9 用拇指與食指將麵糰捏合。

F
最後發酵

10 再將麵糰往內收口。

11 最後發酵1小時至麵糰膨脹兩倍大。

G
烘烤

12 麵糰表面刷上牛奶。

13 用剪刀,在麵糰表面中央剪出十字開口。

14 放入烤箱,以上火200℃、下火190℃烘烤20分鐘,取出放涼即可。

維也納奶油麵包

烤箱預熱

上火 200℃
下火 190℃

烤焙時間

25 分鐘

製作份量

160g ／ 2 個

材料

維也納奶油
無鹽奶油 … 100g
細砂糖 …… 33g

麵糰
高筋麵粉 … 167g

酵母粉 …… 1.7g
細砂糖 …… 27g
鹽 ………… 2.7g
水 ………… 95g
無鹽奶油 … 33g

1 將無鹽奶油、細砂糖倒入鋼盆攪拌至乳霜狀，完成「維也納奶油」。

A
攪拌

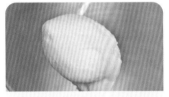

2 將高筋麵粉、酵母粉、細砂糖、鹽、水倒入攪拌缸，先以慢速攪拌至成糰，再以中速攪拌約 3 分鐘至捲起狀態。

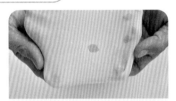

3 加入無鹽奶油，以慢速攪拌至混合均勻，再以中速攪拌至麵糰成光滑狀，用手指撐開麵糰呈薄膜狀。

B
基本發酵

4 取一個鋼盆，噴上烤盤油，將麵糰放入鋼盆中，放置室溫，基本發酵約 60 分鐘。

C
分割

5 將麵糰分割成 2 份，每份 160g。

6 雙手掌心弓起，包裹住麵糰，在桌面上滾圓。

D
中間發酵

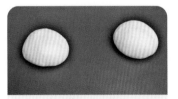

7 將麵糰放置室溫，中間發酵 20 分鐘。

E
整型

8 用手掌將麵糰拍平。

9 將麵糰翻面、橫放。

10 將麵糰由外向內折1/3。

11 麵糰轉向180度。

12 再將麵糰由外向內折
1/3。

13 用手指將麵糰由外向內
捲起。

14 麵糰收口朝下,以雙手
掌心來回滾成長棍狀。

F
最後發酵

15 最後發酵1小時至麵糰
膨脹兩倍大。

G
烘烤

16 用割紋刀在麵糰上劃
三刀斜紋。

17 放入烤箱,以上火
200℃、下火190℃烘
烤約25鐘,取出放涼。

H
裝飾

18 用麵包刀,將麵包橫
剖開,但不切斷。

19 將維也納奶油裝入擠花
袋,擠入麵包內即可。

烘焙材料行一覽表

富盛	200 基隆市仁愛區曲水街 18 號	（02）2425-9255
美豐	200 基隆市仁愛區孝一路 36 號	（02）2422-3200
楊春美	203 基隆市中山區成功二路 191 號	（02）2429-2434
生活集品	103 臺北市大同區太原路 89 號	（02）2559-0895
日盛	103 臺北市大同區太原路 175 巷 21 號 1 樓	（02）2550-6996
燈燦	103 臺北市大同區民樂街 125 號 1 樓	（02）2553-3434
洪春梅	103 臺北市大同區民生西路 389 號	（02）2553-3859
白鐵號	104 臺北市中山區民生東路二段 116 號	（02）2561-8776
義興	105 臺北市松山區富錦街 574 巷 2 號 1 樓	（02）2760-8115
樂烘焙	106 臺北市大安區和平東路三段 68-7 號	（02）2738-0306
棋美	106 臺北市大安區復興南路二段 292 號	（02）2737-5508
日光	110 臺北市信義區莊敬路 341 巷 19 號	（02）8780-2469
全鴻	110 臺北市信義區忠孝東路五段 743 巷 27 號	（02）8785-9113
飛訊	111 臺北市士林區承德路四段 277 巷 83 號	（02）2883-0000
橙品（台北）	112 臺北市北投區振華街 38 號	（02）2828-0800
嘉順	114 臺北市內湖區五分街 25 號	（02）2632-9999
明瑄	114 臺北市內湖區港墘路 36 號	（02）8751-9662
元寶	114 臺北市內湖區瑞湖街 182 號	（02）2792-3837
橙佳坊	115 臺北市南港區玉成街 211 號	（02）2786-5709
得宏	115 臺北市南港區研究院路一段 96 號	（02）2783-4843
菁乙	116 臺北市文山區景華街 88 號	（02）2933-1498
水蘋果	116 臺北市文山區景福街 13 號	0909-829-951
全家	116 臺北市文山區羅斯福路五段 218 巷 36 號	（02）2932-0405
大家發	220 新北市板橋區三民路一段 101 號	（02）8953-9111

旺達	220 新北市板橋區信義路 165 號	（02）2952-0808
愛焙	220 新北市板橋區莒光路 103 號	（02）2250-9376
聖寶	220 新北市板橋區觀光街 5 號	（02）2963-3112
佳佳	231 新北市新店區三民路 88 號	（02）2918-6456
佳緣	231 新北市新店區寶中路 83 號	（02）2918-4889
灰熊愛	234 新北市永和區竹林路 72 巷 1 號	（02）2926-7258
艾佳（中和）	235 新北市中和區宜安路 118 巷 14 號	（02）8660-8895
安欣	235 新北市中和區連城路 389 巷 12 號	（02）2225-0018
全家（中和）	235 新北市中和區景安路 90 號	（02）2245-0396
馥品屋（樹林）	238 新北市樹林區大安路 173 號	（02）8675-1687
烘焙客	238 新北市樹林區學林路 79 號	（02）3501-8577
快樂媽媽	241 新北市三重區永福街 242 號	（02）2287-6020
亞芯	241 新北市三重區自由街 17 巷 1 號	（02）2984-3766
豪品	241 新北市三重區信義西街 7 號	（02）8982-6884
家藝	241 新北市三重區重陽路一段 113 巷 1 弄 38 號	（02）8983-2089
艾佳（新莊）	242 新北市新莊區中港路 511 號	（02）2994-9499
鼎香居	242 新北市新莊區新泰路 408 號	（02）2992-6465
德麥食品	248 新北市五股工業區五權五路 31 號	（02）2298-1347
銘珍	251 新北市淡水區下圭柔山 119-12 號	（02）2626-1234
全國（大有）	330 桃園市桃園區大有路 85 號	（03）333-9985
艾佳（桃園）	330 桃園市桃園區永安路 498 號	（03）332-0178
艾佳（中壢）	320 桃園縣中壢區環中東路二段 762 號	（03）468-4558
桃榮	320 桃園縣中壢市中平路 91 號	（03）425-8116
家佳福	324 桃園市平鎮區環南路 66 巷 18 弄 24 號	（03）492-4558
馥品屋（林口）	333 桃園市龜山區頂湖路 59 號	（03）397-9258
陸光	334 桃園縣八德市陸光街 1 號	（03）362-9783
全國（南崁長興）	338 桃園市蘆竹區長興路四段 338 號	（03）322-5820
萬和行	300 新竹市東門街 118 號	（03）522-3365
葉記	300 新竹市北區鐵道路二段 231 號	（03）531-2055

艾佳（新竹）	302 新竹縣竹北市成功八路 286 號	（03）550-5369
做點心過生活（竹北）	302 新竹縣竹北市光明三路 73 號	（03）657-3458
天隆	351 苗栗縣頭份市中華路 641 號	（03）766-0837
艾佳（苗栗）	360 苗栗縣苗栗市中山路 80 號	（03）726-8501

中部地區

總信	402 臺中市南區復興路三段 109-5 號	（04）2229-1399
橙品（台中）	403 臺中市西區存中街 24 號	（04）2371-8999
永誠行（民生）	403 臺中市西區民生路 147 號	（04）2224-9876
玉記（台中）	403 臺中市西區向上北路 170 號	（04）2301-7576
永美	404 臺中市北區健行路 665 號	（04）2205-8587
齊誠	404 臺中市北區雙十路二段 79 號	（04）2234-3000
裕軒（台中）	406 臺中市北屯區昌平路二段 20-2 號	（04）2421-1905
辰豐	407 臺中市西屯區中清路 1241 號	（04）2425-2433
利生	407 臺中市西屯區河南路二段 83 號	（04）2314-5939
生暉	407 臺中市西屯區福順路 10 號	（04）2463-5678
漢泰	420 臺中市豐原區直興街 76 號	（04）2522-8618
豐圭	420 臺中市豐原區大明路 15 號	（04）2529-6158
東陞	432 臺中市大肚區自由路 267 號	（04）2699-3288
誠寶	433 臺中市沙鹿區鎮南路二段 570 號	（04）2662-2526
永誠行（三福）	500 彰化市三福街 195 號	（04）724-3927
億全	500 彰化縣彰化市中山路二段 306 號	（04）726-9774
永明	500 彰化縣彰化市彰草路 7 號	（04）761-9348
金永誠	510 彰化縣員林鎮永和街 22 號	（04）832-2811
信通	540 南投縣南投市中山街 324 號	（049）223-1055
樂採採	540 南投縣南投市建國路 58 號	（049）222-1608
順興	542 南投縣草屯鎮中正路 586-5 號	（049）233-3455
宏大行	545 南投縣埔里鎮永樂巷 14 號	（049）298-2766

米那賞	630 雲林縣斗南鎮建國一路 39 號	(05) 595-0800
彩豐	640 雲林縣斗六市西平路 137 號	(05) 551-6158
世緯	640 雲林縣斗六市嘉東南路 25-2 號	(05) 534-2955

南部地區

新瑞益（嘉義）	600 嘉義市仁愛路 142-1 號	(05) 286-9545
翊鼎	600 嘉義市西區友忠路 538 號	(05) 232-1888
群益	600 嘉義市西區高鐵大道 888 號	(05) 237-5666
Ruby 夫人	600 嘉義市西區遠東街 50 號	(05) 231-3168
福美珍	600 嘉義市西榮街 135 號	(05) 216-8681
歐樂芙	621 嘉義縣民雄鄉建國路二段 146-22 號	(05) 220-6150
名陽	622 嘉義縣大林鎮自強街 25 號	(05) 265-8482
禾豐	651 雲林縣北港鎮文昌路 140 號	(05) 783-0666
永昌（台南）	701 臺南市東區長榮路一段 115 號	(06) 237-7115
松利	701 臺南市東區崇善路 440 號	(06) 268-1268
永豐	702 臺南市南區賢南街 51 號	(06) 291-1031
利承	702 臺南市南區興隆路 103 號	(06) 296-0138
銘泉	704 臺南市北區和緯路二段 223 號	(06) 251-8007
開南（公園）	704 臺南市北區公園南路 248 號	(06) 220-7079
旺來鄉（小北）	704 臺南市北區西門路四段 115 號	(06) 252-7975
開南（海安）	704 臺南市北區海安路三段 265 號	(06) 280-6516
富美	704 臺南市北區開元路 312 號	(06) 234-5761
開南（永康）	710 臺南市永康區永大路二段 1052 號	(06) 280-6516
旺來鄉（仁德）	717 臺南市仁德區中山路 797 號 1 樓	(06) 249-8701
開南（麻豆）	721 臺南市麻豆區新生北路 26 號	(06) 571-6569
玉記（高雄）	800 高雄市新興區六合一路 147 號	(07) 236-0333
正大行（高雄）	800 高雄市新興區五福二路 156 號	(07) 261-9852
旺來昌（公正）	806 高雄市前鎮區公正路 181 號	(07) 713-5345

旺來昌（右昌）	811 高雄市楠梓區壽豐路 385 號	（07）3012-018
旺來昌（博愛）	813 高雄市左營區博愛三路 466 號	（07）345-3355
德興	807 高雄市三民區十全二路 101 號	（07）311-4311
十代	807 高雄市三民區懷安街 30 號	（07）386-1935
福市	824 高雄市燕巢區鳳澄路 200-12 號	（07）615-2289
茂盛	820 高雄市岡山區前峰路 29-2 號	（07）625-9679
順慶	830 高雄市鳳山區中山路 25 號	（07）740-4556
旺來興（本館）	833 高雄市鳥松區本館路 151 號	（07）370-2223
四海（屏東）	900 屏東縣屏東市民生路 180 號	（08）733-5595
愛料理	900 屏東縣屏東市民和路 73 號	（08）723-7896
裕軒（屏東）	900 屏東市廣東路 398 號	（08）737-4759
旺來昌（內埔）	912 屏東縣內埔鄉內田村廣濟路 1 號	（08）7784-289
裕軒（潮州）	920 屏東縣潮州鎮太平路 473 號	（08）788-7835
四海（潮州）	920 屏東縣潮州鎮延平路 31 號	（08）789-2759
四海（東港）	928 屏東縣東港鎮光復路二段 1 號	（08）835-6277
四海（恆春）	946 屏東縣恆春鎮恆南路 17-3 號	（08）888-2852
四海（潮州）	920 屏東縣潮州鎮延平路 31 號	（08）789-2759
四海（東港）	928 屏東縣東港鎮光復路二段 1 號	（08）835-6277
四海（恆春）	946 屏東縣恆春鎮恆南路 17-3 號	（08）888-2852

東部與離島地區

萬客來	970 花蓮市中華路 382 號	（038）362-628
梅珍香	973 花蓮市吉安鄉中原路一段 128 號	（038）356-852
大麥	973 花蓮縣吉安鄉建國路一段 58 號	（038）461-762
華茂	973 花蓮縣吉安鄉中原路一段 141 號	（038）539-538
玉記（台東）	950 台東縣台東市漢陽北路 30 號	（08）932-6505
三暉	880 澎湖縣馬公市西文澳 92-87 號	（06）921-0560
永誠	880 澎湖縣馬公市林森路 63 號	（06）927-9323

プロック積重ね式鍋

Hirone
日本博音

積木鍋 日炊陶鑽IH不沾鍋
如積木般層層堆疊，靈活變換。積木手把隨拆隨換鍋。

▲ 瞭解詳情

鑽岩不沾，遠紅外線導熱快速。
壓力鑄造，堅固耐用。

瓦斯爐

電陶爐

鹵素爐

電磁爐

烤箱

冰箱

DIAMOND PLUS

BLOCKPAN
Assemble your deliciousness

固鋼興業有限公司 www.gukang.com.tw

MATRIC
松木家電・夢想實現

手作料理
創造美味無極限

- 切碎
- 研磨
- 果醬
- 寶寶副食

MG-HB0402

Hand Blender

松木全功能
調理攪拌棒

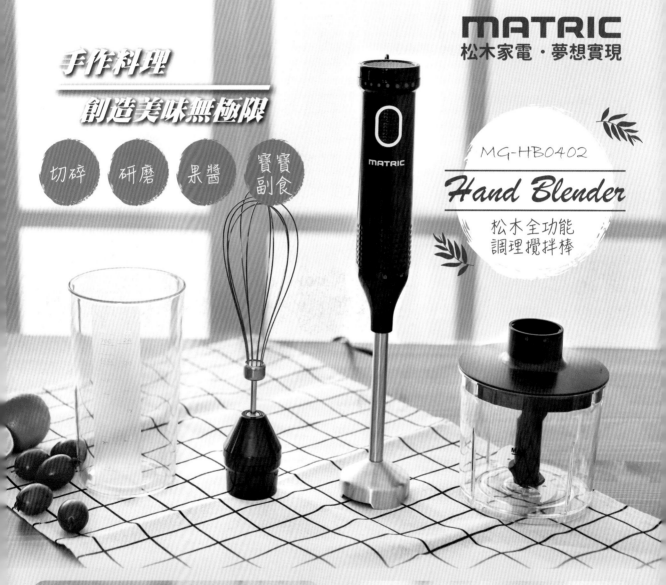

MG-FC1201
食物調理機
雙層刀4枚刀片

MG-HM1202
收納盒攪拌器
五段調速選擇

廚房 Kitchen 0120

打開烤箱！
你家就是烘焙坊

掌握關鍵技巧，只需用家用烘焙烤箱，

就能輕鬆做出 70 款餅乾、塔派、蛋糕、麵包

作　　　者	吳政賢
拍攝協力	蘇莉萍

總　編　輯	鄭淑娟
編　　　輯	李冠慶
攝　　　影	周禎和
美術設計	ivy_design
封面設計	行者創意

行銷主任	邱秀珊
編輯總監	曹馥蘭
編輯助理	周軒萍
商品贊助	德麥食品股份有限公司、
	婕尼思股份有限公司（依筆畫排序）

出　版　者	日日幸福事業有限公司
電　　　話	（02）2368-2956
傳　　　真	（02）2368-1069
地　　　址	106 台北市和平東路一段 10 號 12 樓之 1
郵撥帳號	50263812
戶　　　名	日日幸福事業有限公司
法律顧問	王至德律師
電　　　話	（02）2773-5218
發　　　行	聯合發行股份有限公司
電　　　話	（02）2917-8022
印　　　刷	中茂分色印刷股份有限公司
電　　　話	（02）2225-2627
初版一刷	2021 年 11 月
定　　　價	550 元

國家圖書館出版品預行編目(CIP)資料

打開烤箱！你家就是烘焙坊：掌握關鍵技巧，只需用烘
焙烤箱，就能輕鬆做出70款餅乾、塔派、蛋糕、麵包/吳政
賢著. -- 初版. -- 臺北市：日日幸福事業有限公司出版：聯
合發行股份有限公司發行, 2021.11
　面；　公分. -- (廚房Kitchen；120)
ISBN 978-626-95118-0-8(平裝)

1.點心食譜 2.烹飪

427.16　　　　　　　　　　　　　110016462

精緻好禮大相送，都在日日幸福！

只要填好讀者回函卡寄回本公司（直接投郵），就有機會獲得以下各項大獎。

獎項內容

松木 28L 微電腦烘焙調理
電烤箱 MG-DV2801M
市價 5980 元／2 台

全功能調理攪拌棒
MG-HB0402（四件組）
市價 2980 元／5 台

參加辦法

只要購買《打開烤箱！你家就是烘焙坊》，填妥書中「讀者回函卡」（免貼郵票）於 2022 年 01 月 10 日（郵戳為憑）寄回【日日幸福】，本公司將抽出以上幸運獲獎的讀者，得獎名單將於 2022 年 01 月 20 日公佈在：日日幸福臉書粉絲團：
https://www.facebook.com/happinessalwaystw

◎以上獎項，非常感謝婕尼思股份有限公司大方熱情贊助。

廣　告　回　信

臺灣北區郵政管理局登記證

第 0 0 4 5 0 6 號

請直接投郵，郵資由本公司負擔

10643

台北市大安區和平東路一段10號12樓之1

日日幸福事業有限公司　收

書名　打開保鮮！你家就是好市場　HAK10120

感謝您購買本公司出版的書籍，您的建議就是本公司前進的原動力。請撥冗填寫此卡，我們將不定期提供您最新的出版訊息與優惠活動。

▶

姓名：＿＿＿＿＿＿＿＿　**性別**：□ 男　□ 女　**出生年月日**：民國＿＿＿年＿＿＿月＿＿＿日

E-mail：＿＿＿＿＿＿＿＿＿＿＿＿＿＿＿＿＿＿＿＿

地址：□□□□□ ＿＿＿＿＿＿＿＿＿＿＿＿＿＿＿＿＿

電話：＿＿＿＿＿　**手機**：＿＿＿＿＿＿＿　**傳真**：＿＿＿＿＿＿

職業：
□ 學生　　　　□ 生產、製造　　□ 金融、商業　　□ 傳播、廣告
□ 軍人、公務　□ 教育、文化　　□ 旅遊、運輸　　□ 醫療、保健
□ 仲介、服務　□ 自由、家管　　□ 其他

▶

1. 您如何購買本書？□ 一般書店（　　　　書店）　□ 網路書店（　　　　書店）
　　□ 大賣場或量販店（　　　　）　□ 郵購　□ 其他

2. 您從何處知道本書？□ 一般書店（　　　　書店）　□ 網路書店（　　　　書店）
　　□ 大賣場或量販店（　　　　）　□ 報章雜誌　□ 廣播電視
　　□ 作者部落格或臉書　□ 朋友推薦　□ 其他

3. 您通常以何種方式購書（可複選）？□ 逛書店　□ 逛大賣場或量販店　□ 網路　□ 郵購
　　□ 信用卡傳真　□ 其他

4. 您購買本書的原因？　□ 喜歡作者　□ 對內容感興趣　□ 工作需要　□ 其他

5. 您對本書的內容？　□ 非常滿意　□ 滿意　□ 尚可　□ 待改進＿＿＿＿＿

6. 您對本書的版面編排？　□ 非常滿意　□ 滿意　□ 尚可　□ 待改進＿＿＿＿＿

7. 您對本書的印刷？　□ 非常滿意　□ 滿意　□ 尚可　□ 待改進＿＿＿＿＿

8. 您對本書的定價？　□ 非常滿意　□ 滿意　□ 尚可　□ 太貴

9. 您的閱讀習慣：(可複選)　□ 生活風格　□ 休閒旅遊　□ 健康醫療　□ 美容造型　□ 兩性
　　□ 文史哲　□ 藝術設計　□ 百科　□ 圖鑑　□ 其他

10. 您是否願意加入日日幸福的臉書（Facebook）？　□ 願意　□ 不願意　□ 沒有臉書

11. 您對本書或本公司的建議：＿＿＿＿＿＿＿＿＿＿＿＿＿＿＿＿＿＿＿
＿＿＿＿＿＿＿＿＿＿＿＿＿＿＿＿＿＿＿＿＿＿＿＿＿＿＿＿＿＿
＿＿＿＿＿＿＿＿＿＿＿＿＿＿＿＿＿＿＿＿＿＿＿＿＿＿＿＿＿＿

註：本讀者回函卡傳真與影印皆無效，資料未填完整即喪失抽獎資格。